AF534595

LYMAN PAGE

DAS KLEINE BUCH DER KOSMOLOGIE

Das

KLEINE BUCH

der

KOSMOLOGIE

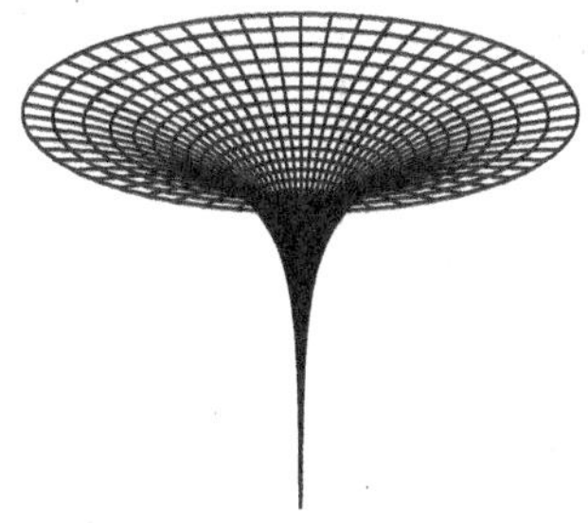

LYMAN PAGE

Aus dem Englischen von Karsten Petersen

»Es gibt keine bessere Einführung in unsere moderne Sicht der Kosmologie.«
Avi Loeb, Harvard University

Bibliografische Information der Deutschen Nationalbibliothek:
Die Deutsche Nationalbibliothek verzeichnet diese Publikation in der Deutschen Nationalbibliografie; detaillierte bibliografische Daten sind im Internet über http://d-nb.de abrufbar.

Für Fragen und Anregungen
info@m-vg.de

Wichtiger Hinweis
Ausschließlich zum Zweck der besseren Lesbarkeit wurde auf eine genderspezifische Schreibweise sowie eine Mehrfachbezeichnung verzichtet. Alle personenbezogenen Bezeichnungen sind somit geschlechtsneutral zu verstehen.

1. Auflage 2024

Türkenstraße 89
80799 München
Tel.: 089 651285-0

Die amerikanische Originalausgabe erschien 2020 bei Princeton University Press unter dem Titel

Übersetzung: Karsten Petersen
Redaktion: Redaktionsbüro Diana Napolitano, Augsburg
Korrektorat: Manuela Kahle
Umschlaggestaltung: Marc-Torben Fischer, in Anlehnung an das Original
von Jessica Massabrook
Satz: abavo GmbH, Buchloe
Druck: GGP Media GmbH, Pößneck
Printed in Germany

ISBN Print 978-3-95972-774-7
ISBN E-Book (PDF) 978-3-98609-509-3
ISBN E-Book (EPUB, Mobi) 978-3-98609-510-9

Weitere Informationen zum Verlag finden Sie unter:

www.finanzbuchverlag.de

Beachten Sie auch unsere weiteren Verlage unter www.m-vg.de

INHALT

KAPITEL 4
DAS STANDARDMODELL DER KOSMOLOGIE

KAPITEL 5
GRENZBEREICHE DER KOSMOLOGISCHEN FORSCHUNG

Für Lisa und die Jungs

VORWORT

Dieses kleine Buch bietet eine kurze Einführung in die moderne Kosmologie, die Wissenschaft vom Universum in den extremsten Dimensionen von Raum, Energie und Zeit. Ich hoffe, dass es einige wesentliche Aspekte dessen vermitteln kann, was wir über das Universum wissen – einschließlich seiner Zusammensetzung, seiner Geometrie, seiner Entwicklung und der Gesetze der Physik, die es beschreiben – und wie wir es erfahren haben. Das Thema »Universum« ist reif für wilde Theorien und Spekulationen, die aber seinen vielleicht erstaunlichsten Aspekt vernebeln: Durch Messungen können wir das Universum in seinen gewaltigsten Dimensionen mit prozentualer Genauigkeit verstehen.

Wie wir sehen werden, ist das Universum in seinen größten Dimensionen und in seinen Anfangszeiten bemerkenswert einfach und kann mit nur wenigen Parametern charakterisiert werden. Es ist wesentlich einfacher zu verstehen als etwa die faszinierend komplexe Erde mit ihrer Atmosphäre, den Ozeanen, den sich verschiebenden Kontinenten und dem Magnetfeld, um nur einige ihrer Attribute zu nennen. In diesem Buch werde ich versuchen, nicht nur aktuelle Beobachtungen und Messungen zu erklären, sondern auch, wie diese durch Erklärungen, die auf den Gesetzen der Physik aufbauen, zu einem einheitlichen Gesamtbild des Kosmos verwoben werden können. Das Modell, das ich beschreiben werde, ist keineswegs das einzig mögliche, aber es erklärt die empirischen Daten mit der geringsten Zahl an Prämissen. Weitere Forschungen werden zeigen, ob dieses Modell zutrifft.

Unser Wissen über das Universum ist im sogenannten Standardmodell der Kosmologie zusammengefasst, das bemerkenswert gut zu den vorliegenden Beobachtungen passt. Es ist vorhersagbar, überprüfbar und kann leicht falsifiziert oder ergänzt werden, falls das notwendig werden sollte. Das Modell besagt unter anderem, dass das Universum zu etwa 5 Prozent aus atomarer Materie besteht – dem Stoff, aus dem wir gemacht sind –, zu etwa 25 Prozent aus »Dunkler Materie« und zu 70 Prozent aus »Dunkler Energie«. Auf der Grundlage der von Albert Einstein formulierten Gravitationstheorie beschreibt das Standardmodell, wie die verschiedenen Komponenten des Universums sich seit den frühesten Anfängen der Zeit bis in die Gegenwart hinein entwickeln. Anders ausgedrückt: Wir übernehmen aus der allgemeinen Relativitätstheorie eine Denkweise über Raum und nutzen sie als Grundlage, um zu beschreiben, wie die Komponenten des Universums – Strahlung, Atome, Dunkle

Materie und Dunkle Energie – ineinandergreifen, um das von uns beobachtete Universum zu bilden. Dies vorausgeschickt, haben wir zwar ein hervorragendes Modell des Universums, aber noch kein grundlegendes Verständnis seiner dominierenden Bestandteile. In der Kosmologie gibt es spannende offene Fragen, die von Wissenschaftlern in aller Welt weiterhin erforscht werden, und auf einige davon werden wir am Ende dieses Buches zurückkommen.

Dieses Buch folgt meinem eigenen Weg, mir die Kosmologie zu erschließen, und konzentriert sich darauf, das Universum anhand von Vermessungen der kosmischen Mikrowellenhintergrundstrahlung (»Cosmic Microwave Background«, CMB) zu verstehen – dem schwachen thermischen Nachglühen der Geburt unseres Universums. Die empirische Evidenz (Gesamtheit der durch Beobachtung und Experimente gewonnenen wissenschaftlichen Belege), die für diese Interpretation spricht, ist überwältigend. Obwohl die CMB im Prinzip der Wärmestrahlung der Sonne oder einer elektrischen Herdplatte entspricht, so zeigt sie doch eine wesentlich kältere Temperatur. Ein Hinweis auf ihren urzeitlichen Ursprung ist, dass sie gerade einmal 2,725 Grad Celsius über dem absoluten Nullpunkt liegt, also bei 2,725 Kelvin.[1] Doch hinter der CMB steckt viel mehr als nur ihre Temperatur. Die meisten Erkenntnisse, die sie uns liefert, stammen aus den winzigen Unterschieden ihrer Temperatur an verschiedenen Positionen des Himmels, der sogenannten Temperaturvarianz. Zum Beispiel unterscheiden sich die CMB-Temperaturen am nördlichen und am südlichen Himmelspol (um zwei willkürliche Richtungen zu wählen) um einen winzigen Betrag. Da die CMB so extrem detailliert vermessen werden kann, ist unser Wissen über die kosmische Hintergrundstrahlung das Fundament unseres kosmologischen Modells, des Standardmodells. Doch bevor wir auf die verschiedenen Charakteristika der CMB und ihre Bedeutung näher eingehen, müssen wir zunächst einige grundlegende Konzepte zu der Frage entwickeln, wie wir uns das Universum als Ganzes vorzustellen haben.

In Kapitel 1 werden wir das Fundament legen und uns mit einigen grundlegenden Eigenschaften des Kosmos beschäftigen, wobei wir uns von zwei Beobachtungen leiten lassen, nämlich, dass die Lichtgeschwindigkeit endlich ist und dass das Universum expandiert. Das Ineinandergreifen dieser beiden Fakten schafft einen Rahmen, auf den wir uns in den nachfolgenden Kapiteln stützen können. In Kapitel 2 werden wir uns mit der Zusammensetzung des Universums befassen, und zwar nicht im kleinsten Detail, sondern vielmehr mit Blick auf die Komponenten, die in verschiedenen Epochen der kosmischen Geschichte dominierten. Die Zusammensetzung des Universums bestimmt, wie es sich entwickelt. Wir werden auch darauf eingehen, wie die Elemente des Universums zusammenkommen, um Sterne,

Galaxien und Galaxienhaufen zu bilden. In der Kosmologie werden solche Objekte einfach als »Struktur« bezeichnet. Der gesamte Prozess der Strukturbildung hat seine Wurzeln im Urknall (»Big Bang«) und führte schließlich dazu, dass die Erde entstand – und am Ende der Mensch. In Kapitel 3 werden wir die winzigen Temperaturvarianzen der CMB erklären, die in Tafel 1 (siehe Bildteil) zu sehen sind. Indem wir dieses Bild verstehen lernen, können wir uns eine enorme Menge an Wissen über das Universum erschließen. In Kapitel 4 werden wir dann die einzelnen Elemente zusammenfügen und das Standardmodell der Kosmologie einführen. Obwohl dieses Modell erstaunlich vorhersagbar ist, bleibt doch vieles noch im Dunkeln. Und schließlich werden wir in Kapitel 5 einige Grenzbereiche der theoretischen und experimentellen Forschungsarbeit in der Kosmologie beschreiben.

Die Kosmologie ist ein dynamisches und spannendes Forschungsgebiet. Das Streben nach immer profunderem Wissen sowohl an der theoretischen als auch an der experimentellen Front ist ungebrochen. Für Menschen wie mich, die den Kosmos erforschen, bietet die CMB nach wie vor neue Erkenntnisse – und wenn wir unsere Messungen fortsetzen, wird uns das vielleicht dazu führen, über kurz oder lang bestimmte Elemente des Standardmodells in einem neuen Licht zu sehen. Und es könnte uns auch zu neuen Entdeckungen führen.

Bevor wir beginnen, möchte ich eine kurze Anmerkung zum Niveau dieses Buches machen. Eine der Schwierigkeiten beim Vermitteln aktueller wissenschaftlicher Entwicklungen besteht darin, die betreffenden Inhalte auf einem für die Leserschaft passenden Niveau darzustellen. Obwohl ich einige Begriffe und Konzepte mit wissenschaftlicher Genauigkeit definiere, gehe ich davon aus, dass ein gewisses Basiswissen und ein immanentes Interesse vorhanden sind. Trotzdem habe ich einige Anhänge angefügt, die bei Bedarf etwas ausführlichere Informationen zu bestimmten Themen liefern können. Zum Beispiel setze ich das Wissen voraus, dass Licht eine Welle mit einer bestimmten Wellenlänge ist, die Energie überträgt; dessen ungeachtet bietet Anhang A.1 unter der Überschrift »Das elektromagnetische Spektrum« einen kurzen Überblick zu verschiedenen Strahlungsquellen[2] und deren Wellenlängen, falls weitere Informationen zu diesem Thema gewünscht werden. Und ich setze voraus, dass die meisten Leser wissen werden, dass die Lichtgeschwindigkeit endlich ist und eine fundamentale Naturkonstante darstellt. Weniger bekannt aber wohl ist die Tatsache, dass man unabhängig davon, wo im Universum man sich befindet oder wie schnell man sich fortbewegt, man messen kann, dass die Lichtgeschwindigkeit in einem Vakuum knapp 300.000 Kilometer pro Sekunde (km/s) beträgt. Dies ist eine der Grundlagen von Einsteins spezieller Relativitätstheorie. Um dieses Buch kurz zu halten, werde ich nicht allzu tief in die Relativitätstheorie einsteigen (es gibt viele Bücher, die das bereits sehr schön tun), und auch nicht in andere, ähnlich komplexe Themen; doch in späteren Kapiteln werde ich physikalische Konzepte, die mit unserem Wissen über den Kosmos zusammenhängen, etwas detaillierter erklären, als sie Ihnen womöglich bislang geläufig waren. Um einige quantitative Werte werden wir nicht herumkommen, aber Sie können sich darauf verlassen, dass die erforderlichen mathematischen Kenntnisse sich auf dem Niveau von Entfernung = Geschwindigkeit × Zeit bewegen werden; und in den meisten Fällen werden wir gerundete Zahlen verwenden, da sie leichter zu erfassen sind.

Ein erschwerender Aspekt der Kosmologie ist, dass die Entfernungen und Zeitmaßstäbe so riesig sind, dass sie sich dem menschlichen Vorstellungsvermögen entziehen. Um sie leichter verständlich zu machen, werden wir viele Dinge in »Milliarden« zählen. Um diese Zahl in einen gewissen Kontext zu stellen: Es leben etwas mehr als sieben Milliarden Menschen auf der Erde; die Spitze eines kleinen Fingers enthält etwa eine Milliarde Zellen; und eine Milliarde M&Ms würden beinahe in einen Würfel mit einer Kantenlänge von etwa sechs Metern hineinpassen. Da dies ein populärwissenschaftliches Buch ist (und ich hoffe, dass meine Kollegen es mir verzeihen werden), gibt es keine wissenschaftlichen Quellenangaben, und die Zuschreibung spezifischer Ideen und Erkenntnisse auf ihre Urheber beschränkt sich auf ein Minimum.

Wir haben eine Menge abzuhandeln in diesem kurzen Buch, ein ganzes Universum – fangen wir an!

KAPITEL 1

GRUNDLAGEN

Die Größe des Universums

Wie groß ist das Universum? Es ist sehr, sehr groß! Aber jetzt mal im Ernst: Das ist eine ausgesprochen tiefgründige Frage. Die Suche nach der Antwort wird uns bis ins Herz der Kosmologie führen. Doch bevor wir überlegen, was diese Frage überhaupt bedeutet, wollen wir uns zunächst einige typische Entfernungen ansehen. In der Kosmologie sind die Entfernungen wirklich extrem groß. Um den Maßstab festzulegen, fangen wir in unserer unmittelbaren Umgebung an und arbeiten uns dann in immer größere Entfernungen nach außen vor. Der Mond ist etwa 384.400 Kilometer von der Erde entfernt, was als »nah« betrachtet wird. Das entspricht etwa der Kilometerleistung eines Autos, bevor es kaputtgeht. Mit einem sehr guten Auto könnte man also bis zum Mond fahren und es vielleicht sogar wieder zurück schaffen. Doch jenseits des Mondes wird es mühsam, Entfernungen immer noch in Kilometern zu messen. Da das Universum so riesig ist, messen wir solche Entfernungen typischerweise anders – nämlich mit Licht. Wir können uns fragen, wie lange Licht braucht, um von einem Objekt im Weltraum zu uns zu kommen. Da die Lichtgeschwindigkeit eine Naturkonstante ist, eignet sie sich gut als Maßeinheit. Anders ausgedrückt: Eine Lichtsekunde ist die Entfernung, die Licht in einer Sekunde zurücklegt (also etwa 300.000 Kilometer). Entsprechend legt Licht in 1,3 Sekunden eine Entfernung von 390.000 Kilometern zurück. Also können wir, anstatt die Entfernung in Kilometern anzugeben, einfach sagen, dass der Mond 1,3 Lichtsekunden entfernt ist. Bitte beachten Sie, dass wir hier einen auf Zeit beruhenden Begriff – nämlich die Lichtsekunde – verwenden, um eine Entfernung anzugeben.

Die Sonne ist im Durchschnitt etwa 150 Millionen Kilometer von uns entfernt, also etwas über acht Lichtminuten.[3] Da die schnellste Geschwindigkeit, mit der Informationen sich fortbewegen können, die Lichtgeschwindigkeit ist, müssen wir, wenn auf der Oberfläche der Sonne etwas passiert, etwa acht Minuten warten, bis das Licht dieses Ereignisses unsere Augen erreicht. Wir werden später noch auf dieses Konzept zurückkommen, um es auf den kosmischen Maßstab anzuwenden. Vorerst werden wir uns aber auf Entfernungen konzentrieren und nicht auf die Zeit, die es braucht, um diese Entfernung zurückzulegen.

Wenn Sie das nächste Mal in einer Neumondnacht abseits der Lichter einer Stadt sind und den Nachthimmel betrachten, werden Sie einen Streifen sehen, der heller ist als alles andere. Dieses sanfte Leuchten kommt von vielen Milliarden Sternen, welche die Milchstraße bilden – unsere Galaxie, in der unsere Sonne ein ziemlich typischer Stern ist. Eine typische Galaxie besteht aus etwa hundert Milliarden Sternen. Eine Möglichkeit, sich die Bedeutung dieser Zahl zu erschließen, besteht darin, dass unser Gehirn etwa hundert Milliarden Neuronen enthält – für jeden Stern in unserer Galaxie gibt es also in Ihrem Gehirn ein Neuron.

Die Sterne der Milchstraße bilden eine Art Scheibe mit einem Durchmesser von etwa 100.000 Lichtjahren und einer Ausbuchtung in der Mitte. Abbildung 1.1 zeigt eine Skizze, wie die Milchstraße aussehen würde, wenn wir sie aus einiger Entfernung betrachten könnten. Die galaktische Ebene (»galactic plane«) ist eine gedachte Fläche, die diese Scheibe in zwei Hälften teilt, als würde man ein flaches Brötchen aufschneiden. Unser Sonnensystem ist etwa auf halber Strecke vom Mittelpunkt der Scheibe entfernt. Wenn wir in Richtung Mitte der Scheibe blicken, sehen wir viel mehr Sterne, als wenn wir abseits der Mitte auf eine Seite der Scheibe schauen. Es ist ungefähr so, als würde man am Stadtrand leben: Obwohl man sich innerhalb des Stadtgebiets befindet, sieht man alle hohen Gebäude des Stadtzentrums nur in einer Richtung.

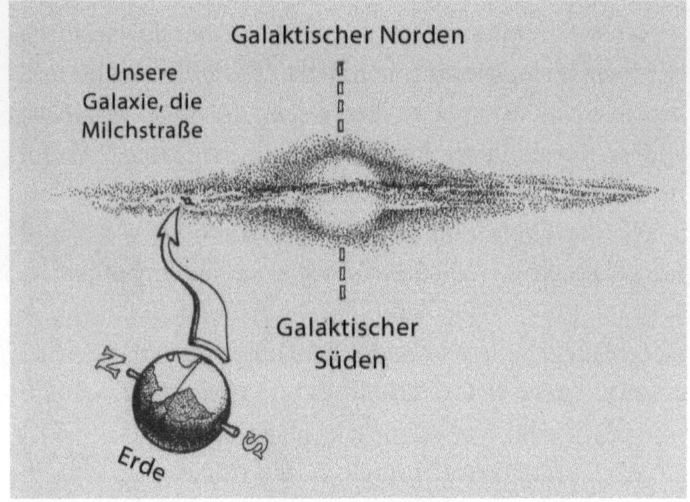

Abbildung 1.1 Die Milchstraße, wie ein imaginärer Betrachter sie aus einiger Entfernung sehen würde. Das galaktische Zentrum befindet sich in der Mitte der Ausbuchtung. Die Ausrichtung der Erde in Bezug auf die Galaxie ist nur näherungsweise dargestellt.

Bildnachweis: Stewart Brand und Jim Peebles in *The CoEvolution Quarterly*.

Tafel 2 (siehe Bildteil) ist ein Bild der Milchstraße, das mit einer CCD-Kamera im Bereich des sichtbaren Lichts aufgenommen wurde.[4] Wenn unsere Augen empfindlicher und größer wären, würden wir die Galaxie so sehen. Die dunklen Schwaden in diesem Bild stammen von dem Staub in unserer Galaxie, der das Licht der Sterne verdunkelt, ganz ähnlich wie Rauch die Flammen eines Feuers verdunkelt. In der Kosmologie bezieht sich der Begriff »Staub« auf mikroskopisch kleine Partikel, die aus einer Vielzahl von Materialien wie Kohlenstoff, Sauerstoff und Silizium bestehen. Tafel 3 (siehe Bildteil) zeigt eine andere Ansicht der Milchstraße, die mit dem Diffuse InfraRed Background Explorer (DIRBE) aufgenommen wurde, einem Infrarotteleskop, das eines der drei Instrumente des Satelliten COsmic Background Explorer (COBE) ist.[5] Im Gegensatz zu der Darstellung in Tafel 2 (siehe Bildteil) wurde dieses Bild im Wellenlängenbereich »Ferninfrarot« aufgenommen, in erster Linie bei einer Wellenlänge von 100 Mikrometern. Die Intensität der Infrarotstrahlung eines Objekts zeigt uns, wie viel Wärme dieses Objekt ausstrahlt. In Tafel 3 (siehe Bildteil) sehen wir hauptsächlich das thermische Glühen der Milchstraße, oder anders ausgedrückt: die Emission von Wärme. Diese Wärme stammt von dem Staub, den unsere Galaxie enthält, demselben Staub, der das Licht der Sterne verdunkelt.

Eine typische Galaxie wie die Milchstraße hat eine Durchschnittstemperatur von etwa 30 Kelvin, ist also nicht gerade heiß, strahlt aber doch Wärmeenergie ab. Wir können einen losen Vergleich zu einer Glühbirne ziehen. Die Glühbirne nehmen wir hauptsächlich wahr aufgrund des sichtbaren Lichts, das sie ausstrahlt, entsprechend dem Licht in Tafel 2 (siehe Bildteil). Doch tatsächlich erzeugt die Glühbirne viel mehr Energie in Form von Wärme, die wir zwar fühlen, aber nicht sehen können.[6] Wenn Sie eine Glühbirne berühren, fühlt sie sich heiß an. Vielleicht haben Sie schon einmal

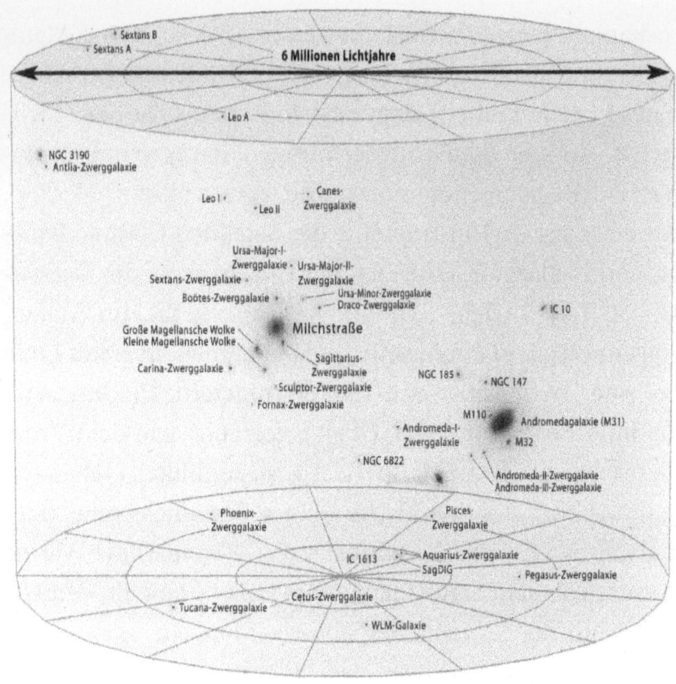

Abbildung 1.2 Die Lokale Gruppe von Galaxien. Die Andromedagalaxie ist etwa 2,5 Millionen Lichtjahre entfernt, ist aber bei Dunkelheit und abseits von städtischem Streulicht leicht mit bloßem Auge zu erkennen. Ihre Länge erscheint einige Male so groß wie der Vollmond. Auf der Südhalbkugel sind die Magellanschen Wolken gut mit bloßem Auge zu erkennen. In diesem Bild ist die größere der beiden Wolken in der Nähe der Milchstraße zu sehen; auf Tafel 3 (siehe Bildteil) ist zu erkennen, dass sie Wärme ausstrahlt. Sie hat einen Durchmesser von etwa zwanzig Vollmonden. Die oberen und unteren »Speichenräder« haben einen Durchmesser von 6 Millionen Lichtjahren.

Bildnachweis: Andrew Z. Colvin, https://en.wikipedia.org/wiki/Local_Group.

ein Wärmebild von einem Haus gesehen, das mit Infrarotlicht aufgenommen wurde. Solche Bilder zeigen uns, wo die Wärme austritt (oft an den Fenstern). Wenn Sie die Wärme eines heißen Körpers spüren, ist es hauptsächlich Infrarotstrahlung, die Sie wahrnehmen.

Gehen wir noch einen Schritt weiter hinaus in den Kosmos. Unsere Galaxie gehört zu der sogenannten »Lokalen Gruppe« von etwa 50 Galaxien, wie in Abbildung 1.2 dargestellt. Die Lokale Gruppe hat einen Durchmesser von etwa 6 Millionen Lichtjahren. In dieser Galaxiengruppe ist die Milchstraße nach der Andromedagalaxie die zweitgrößte Galaxie, doch die Größenunterschiede sind erheblich. Während die Andromedagalaxie etwa 1000 Milliarden Sterne enthält, haben die kleineren »Zwerggalaxien« einige zehn Millionen Sterne. Die Große Magellansche Wolke (Tafel 3 und Seite 22, Abbildung 1.2) ist eine nicht sonderlich weit entfernte kleine Galaxie, die um die Milchstraße kreist.[7] Wenn Galaxien umeinander kreisen, sind die Entfernungen zwar schon recht groß, aber wie der Name schon sagt, werden diese Galaxien immer noch als »lokal« angesehen. Obwohl es keine eindeutige Grenze dafür gibt, ab wann Distanzen als »kosmologisch« bezeichnet werden, assoziieren wir mit diesem Begriff typischerweise eine Kugel oder einen Würfel mit einem Durchmesser von mindestens 25 Millionen Lichtjahren. Die Größe der Lokalen Gruppe ist nur ein Bruchteil davon.

Tafel 4 (siehe Bildteil) ist ein atemberaubendes Bild, das mit dem Hubble-Weltraumteleskop aufgenommen wurde, indem es fast 300 Stunden lang dieselbe Himmelsregion beobachtete, um die Empfindlichkeit für das von schwach leuchtenden Objekten ausgestrahlte Licht zu erhöhen. Dieses Bild, das als »Hubble Ultra Deep Field« bekannt ist, könnte man als eine extrem lang belichtete Fotografie bezeichnen. Die am weitesten entfernten Objekte in diesem Bild sind mehrere Milliarden Lichtjahre entfernt. Das von dem Bild abgedeckte Himmelsareal entspricht etwa einem Sechzigstel der Fläche des Vollmondes. Das können wir auch etwas genauer ausdrücken: Die Winkelbreite des Vollmonds beträgt ungefähr ein halbes Grad, was etwa der Hälfte des Bogenwinkels Ihres auf Armlänge hochgehaltenen kleinen Fingers entspricht.[8] Wir können ausrechnen, dass es etwa 200.000 Vollmonde braucht, um die gesamte Fläche des Himmels abzudecken. Das Atemberaubende an diesem Bild ist, dass nur eine Handvoll der Objekte darin Sterne sind – bei der weitaus überwiegenden Mehrzahl der Objekte handelt es sich um Galaxien. Und jede dieser Galaxien enthält typischerweise etwa 100 Milliarden Sterne.

Um die Anzahl der Galaxien auf diesem Bild zu ermitteln, muss man sie einfach zählen. Bei einem Bild mit voller Auflösung könnte man dies von Hand tun, aber es ist einfacher, das von einem Computer erledigen zu lassen. Das »Hubble Ultra Deep Field«-Team zählte etwa 10.000 Galaxien in diesem Bild, was darauf hindeutet, dass es am gesamten Himmel etwa 100 Milliarden Galaxien gibt.[9] Um es noch einmal zu betonen: Wir beobachten, dass es eine endliche Anzahl von Galaxien typischer Größe gibt. Wir sagen, dass es im beobachtbaren Universum – der Teilmenge des gesamten Universums, die wir im Prinzip beobachten können – etwa 100 Milliarden Galaxien gibt, von denen jede typischerweise etwa 100 Milliarden Sterne enthält. Es ist Zufall, dass diese zwei Zahlen so nahe beieinanderliegen.

Wir haben gerade ein grundlegendes Konzept eingeführt, nämlich das des »beobachtbaren Universums«, und eine grundlegende Feststellung getroffen, und zwar, dass wir im »Hubble Ultra Deep Field« so gut wie alle Galaxien vom Typ Milchstraße erfasst haben, die in dieser Richtung zu sehen sind. Mit anderen Worten: Mit dem »Hubble Ultra Deep Field« sind wir in Bezug auf das Zählen von Objekten bis an die Grenzen des Möglichen vorgestoßen. Um diese Aussagen zu verstehen, müssen wir ein Universum in Betracht ziehen, das sich im Lauf der Zeit verändert, doch bis wir das im nächsten Abschnitt tun werden, wollen wir uns den Kosmos als eine unermessliche und statische Weite vorstellen, die wir nach Belieben erforschen können.

Was würden wir zu sehen bekommen, wenn wir die Zeit anhielten und durch das Universum reisen könnten? Wenn wir einmal außer Acht lassen, dass die Lichtgeschwindigkeit endlich ist, können wir uns vorstellen, dass jemand –

wie Alice im Wunderland – sich sofort an jeden beliebigen Ort im Universum begeben und ohne Zeitverlust mit jemandem an einem beliebigen anderen Ort kommunizieren kann. Die Galaxien könnten wir uns dabei als kosmische Wegweiser vorstellen. Im Prinzip könnten wir ihnen Namen geben und registrieren, wo im Universum sie sich befinden. Wie Sie auf dem Bild der Lokalen Gruppe in Abbildung 1.2 (siehe Seite 22) sehen können, wurde diese Kartierung für unsere lokale Umgebung bereits erledigt. Aber das genügt uns nicht – wir wollen in viel weiter entfernte Regionen des Weltalls vordringen. Nehmen wir an, Alice würde sich in einer 10 Milliarden Lichtjahre entfernten Galaxie befinden. Wir bitten sie, die lokale kosmische Umgebung in groben Zügen zu beschreiben, etwa die Anzahl und das ungefähre Aussehen der anderen Galaxien in ihrer Nähe. Dann vergleichen wir unsere Beschreibung von unserem eigenen Standort in der Milchstraße mit dem, was Alice uns mitgeteilt hat und stellen fest, dass die Beschreibungen ähnlich sind. Obwohl es ganz unabhängig davon, wohin wir reisen, egal wie weit und in welche Richtung, eine große Vielfalt an Galaxien gäbe, würde die galaktische Umgebung im Durchschnitt sehr ähnlich aussehen wie in unserer unmittelbaren Nachbarschaft. Und überall würden dieselben Gesetze der Physik gelten und die natürliche Umgebung hervorbringen.

Dies ist ein wichtiger konzeptioneller Punkt, der es wert ist, wiederholt zu werden, weil wir darauf aufbauen werden: In der Gegenwart sieht jede Region des Universums in groben Zügen ähnlich aus. Wir könnten jemanden in der Nähe einer weit entfernten Galaxie anrufen und ihn bitten, die Galaxien innerhalb einer gedachten Kugel mit einem Durchmesser von 25 Millionen Lichtjahren, in deren Mittelpunkt er sich befindet, zu beschreiben. Wir würden feststellen, dass seine Beschreibung im Großen und Ganzen auch unsere galaktische Nachbarschaft beschreibt.

Das Konzept, dass das Universum im Durchschnitt unabhängig davon, wohin man zu einem bestimmten Zeitpunkt gerade geht, gleich ist, wird als Einsteins kosmologisches Prinzip bezeichnet. Wenn eine Größe überall im Raum gleich ist, sagt man, sie sei homogen. Demnach besagt das kosmologische Prinzip, dass das Universum homogen ist, wenn es über ein ausreichend großes Volumen gemittelt wird. Darüber hinaus besagt das kosmologische Prinzip, dass der Kosmos im Durchschnitt in jeder Richtung gleich aussieht. Diese Eigenschaft wird Isotropie genannt. Sie bedeutet, dass im Durchschnitt das Bild des »Hubble Ultra Deep Field« überall gleich aussieht, ganz unabhängig davon, in welche Richtung wir den Satelliten richten, solange wir von nahen Objekten wie der galaktischen Ebene wegschauen. Unser Universum ist homogen und isotrop, ganz gleich, wo wir uns darin befinden.

Die Konzepte der Homogenität und der Isotropie sind miteinander verwandt, unterscheiden sich aber. Wenn zum

Beispiel Ihr Universum eine Grapefruit wäre und Sie in ihrem Mittelpunkt lebten, würden Sie sagen, dass Ihre Kosmologie isotrop sei (wenn wir die Scheidewände um das Fruchtfleisch herum außer Acht lassen), aber da sich das Fruchtfleisch in der Mitte befindet und die Schale außen herum, würde man nicht sagen, dass sie homogen aufgebaut sei. Es bedurfte eines konzeptionellen Fortschritts, um das kosmologische Prinzip zu postulieren. In unserem täglichen Leben ist der Himmel alles andere als isotrop: Wir sehen die Sonne auf- und untergehen, und das Sonnensystem ist keineswegs homogen, da die Planeten ungefähr in einer Ebene liegen. Wenn wir über das Weltall nachdenken wollen, müssen wir einen Schritt zurücktreten und uns eine wesentlich einfachere Verteilung der Materie in einer sehr viel größeren Dimension vorstellen.

Wir haben eine rasend schnelle Tour durch das Universum unternommen und sind dabei in immer größere Entfernungen vorgedrungen, bis uns mit Erreichen des »Hubble Ultra Deep Field« die Objekte zum Observieren ausgingen. Um zu verstehen, wie es dazu kam, müssen wir die Entwicklung des Universums im Lauf der Zeit betrachten, was wir in den folgenden Abschnitten tun werden. Abgesehen davon, dass wir uns auf eine rein räumliche Beschreibung beschränkt haben, sind wir aber weit genug gekommen, um uns ein homogenes, zeitlich eingefrorenes Universum vorstellen zu können, das angefüllt ist von Galaxien, die im

Durchschnitt denen in unserer Umgebung gleichen. In diesem Moment können wir uns das Weltall als ein unendlich großes dreidimensionales Gitter aus Tinkertoys (Bau- und Steckspielzeug für Kinder Anm. d. Red.) vorstellen, dessen Knotenpunkte Ansammlungen von Galaxien darstellen, die im Großen und Ganzen wie jene in unserer Umgebung aussehen. Natürlich sind die Galaxien nicht wirklich in einem Gittermuster verteilt, sondern überall im Raum, doch die Tinkertoys können uns helfen, ein Koordinatensystem zu konzipieren, mit dem wir den Kosmos beschreiben können.

Das expandierende Universum

Im vorigen Abschnitt haben wir das Universum als statisch betrachtet, aber das ist es nicht: Der Kosmos dehnt sich aus. Das ist keineswegs nur eine Theorie oder ein Modell, sondern eine durch Beobachtungen erwiesene Tatsache. Sobald wir die Lokale Gruppe (siehe Seite 22, Abbildung 1.2) deutlich hinter uns gelassen haben und in kosmologische Entfernungen vordringen, beobachten wir, dass eine Galaxie sich umso schneller von uns fortbewegt, je weiter sie von uns entfernt ist. Diese Beobachtung wird als das »Hubble-Lemaître-Gesetz« bezeichnet, nach Georges Lemaître, der es 1927 auf der Grundlage der damals verfügbaren Beobachtungen in einer obskuren Fachzeitschrift veröffentlicht hatte, und Edwin Hubble, der es 1929 unabhängig von

Lemaître publizierte. In Alltagssprache ausgedrückt besagt das Hubble-Lemaître-Gesetz, dass die Fluchtgeschwindigkeit eines beobachteten Objekts mit jeder Million Lichtjahre Abstand um etwa 24 Kilometer pro Sekunde zunimmt. Diese Zahl wird als »Hubble-Konstante« bezeichnet.[10]

Hubbles Beobachtung wirft sofort die Frage auf: Sind wir im Mittelpunkt des Universums? Die Antwort: Nein, das sind wir nicht. Nur weil wir sämtliche Galaxien von uns fortrasen sehen, bedeutet das noch lange nicht, dass wir uns im Mittelpunkt des Weltalls befinden. Wir sind vielleicht etwas Besonderes, aber nicht so besonders. Alle Beobachter auf allen Galaxien überall im beobachtbaren Universum sehen das Gleiche, weil die Expansion des Universums sich in einer bestimmten Form vollzieht, nämlich so, dass die Fluchtgeschwindigkeit proportional zur Entfernung zunimmt. Das heißt, wenn eine Galaxie doppelt so weit von uns entfernt ist, dann entfernt sie sich auch doppelt so schnell. Als konkretes Beispiel können wir uns eine Reihe von Galaxien vorstellen, von denen jede einzelne ihre eigene lokale Region mit einem Durchmesser von 25 Millionen Lichtjahren repräsentiert. Fangen wir mit der Milchstraße in der Mitte an. Wenn eine Galaxie namens »Nan« 25 Millionen Lichtjahre von uns entfernt wäre, würde sie sich mit einer Geschwindigkeit von 600 Kilometern pro Sekunde entfernen, entsprechend dem Wert der Hubble-Konstante ([24 km/s pro Million Lichtjahre] × [25 Millionen Lichtjahre] = 600 km/s). Wenn eine andere Galaxie namens »Orr« 50 Millionen Lichtjahre entfernt wäre, würde sie sich mit 1200 Kilometern pro Sekunde entfernen, und wenn »Pam« 75 Millionen Lichtjahre entfernt wäre, würde sie sich mit 1800 Kilometern pro Sekunde entfernen. Diese Entfernungen sind in der oberen Reihe in Abbildung 1.3 dargestellt. Selbst bei diesen enormen Entfernungen liegen die Geschwindigkeiten immer noch bei unter 1 Prozent der Lichtgeschwindigkeit.

Stellen Sie sich jetzt einmal vor, Sie könnten blitzartig von der Milchstraße in der Mitte der Abbildung 1.3 nach »Nan« reisen. Das heißt, Sie wären auf »Nan« im Ruhezustand. Wenn Sie dann auf »Nan« sitzend auf die Milchstraße zurückblicken, würde diese sich natürlich mit 600 Kilometern pro Sekunde von Ihnen fortbewegen. Hier ist eine Art sich vorzustellen, wie das ganze Bild sich verändert: Wenn Sie auf der Milchstraße wären und sich in Bezug auf »Nan« im Ruhezustand befinden wollten, müssten Sie sich mit 600 Kilometern pro Sekunde nach rechts fortbewegen. Das ist im mittleren Bildteil dargestellt. Wenn man sich mit der gleichen Geschwindigkeit synchron zu einem anderen Objekt bewegt, ist es das Gleiche, als würde man sich in Bezug auf dieses Objekt im Ruhezustand befinden. Das ist genauso, als ob Sie auf der Autobahn ein Auto neben sich sehen, das mit der gleichen Geschwindigkeit fährt wie Sie – in Relation zu Ihnen steht das andere Auto still. Im unteren Bildteil haben wir nur die gerichteten Geschwindigkeiten, die sogenannten

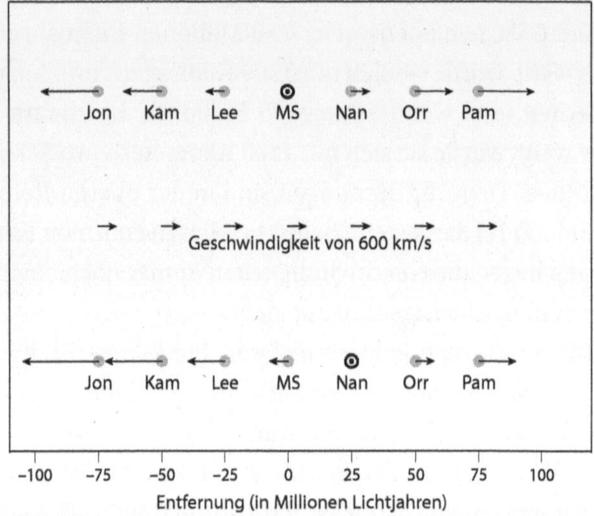

Abbildung 1.3 Die Expansion des Universums in einer Dimension. Das »MS« steht für »Milchstraße« und der Kreis zeigt an, dass sie der Bezugspunkt ist. Die Pfeile (Vektoren) zeigen die jeweilige Geschwindigkeit an. Die Galaxie »Nan«, die 25 Millionen Lichtjahre von der Milchstraße entfernt ist, bewegt sich mit 600 Kilometern pro Sekunde von ihr fort. Da die Galaxie »Orr« doppelt so weit von der Milchstraße entfernt ist wie »Nan«, entfernt sie sich auch doppelt so schnell, was dadurch gezeigt wird, dass ihr Geschwindigkeitsvektor doppelt so lang ist. Die mittlere Reihe zeigt die Geschwindigkeit von »Nan«, aber relativ zu allen Punkten im Raum, nicht nur an »Nans« Position. Nehmen wir an, Sie würden sich mit dieser Geschwindigkeit und in der Nähe von »Nan« fortbewegen. Dann käme es Ihnen so vor, als würde »Nan« stillstehen. Die untere Reihe zeigt die Reihe der Geschwindigkeiten aus der Sicht von jemandem, der auf »Nan« steht. Der Kreis zeigt, dass jetzt »Nan« der Bezugspunkt ist. Wir sehen, dass jetzt der Beobachter auf »Nan« im Mittelpunkt des Universums zu stehen scheint – auch für ihn rasen alle anderen Galaxien davon und befolgen dasselbe Hubble-Lemaître-Gesetz.

Vektoren,[11] subtrahiert, um zu sehen, wie das Universum aus der Perspektive eines Beobachters auf »Nan« aussieht. Jetzt sieht die untere Galaxienreihe genauso aus wie die obere, aber aus der Perspektive eines Beobachters auf Nan. Auch hier gilt das Hubble-Lemaître-Gesetz – auch eine Person auf »Nan« könnte vermuten, dass sie sich im Mittelpunkt des Universums befindet. Fürs Erste stellen wir uns einfach vor, dass diese Galaxienreihe sich endlos fortsetzen kann und dass die Geschwindigkeiten ohne Obergrenze zunehmen.

Hier kommt es darauf an, dass jeder Beobachter im Universum das gleiche Galaxienfluchtmuster sieht, solange die Fluchtgeschwindigkeit proportional zur Entfernung ist, und für jeden Beobachter scheint es so, als befände er sich im Mittelpunkt der Expansion. Zwar haben wir die Expansion mit mehreren Galaxien in einer Dimension gezeigt, aber das funktioniert auch in zwei oder drei Dimensionen. Abbildung 1.4 zeigt den gleichen Prozess in zwei Dimensionen aus der Perspektive von zwei weit voneinander entfernten Galaxien.

Es gibt eine einfache und doch völlig andere Art, die Expansion zu interpretieren. In dem Bild, das wir gerade entworfen haben, stellten wir uns einen unveränderlichen Raum vor, in dem die Galaxien sich bewegen. Das heißt, der Raum war fixiert und die Galaxien bewegten sich mit unterschiedlichen Geschwindigkeiten durch ihn hindurch. Aber jetzt wollen wir ein völlig anderes Konzept in Betracht ziehen. Stellen wir uns die Galaxien wieder in einer Linie vor,

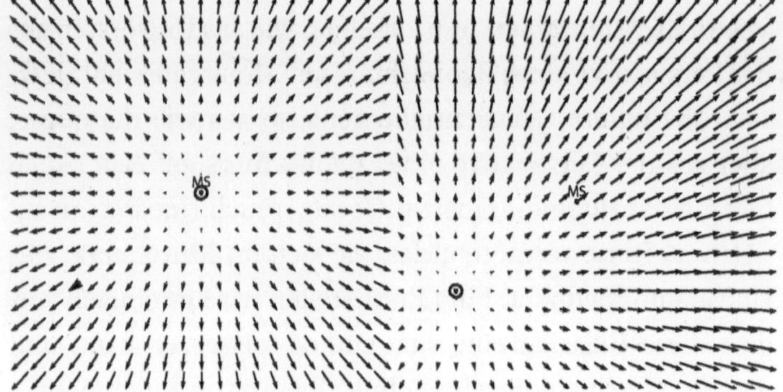

Abbildung 1.4 Die Expansion des Universums, aber dieses Mal in zwei Dimensionen. Jeder Punkt stellt eine Galaxie dar. Die Pfeile (Vektoren) zeigen die Geschwindigkeit an, mit der sich die jeweilige Galaxie aus unserer Sicht fortbewegt. Natürlich sind die Galaxien in Wirklichkeit viel unregelmäßiger im Raum verteilt. Die linke Seite der Abbildung zeigt, was wir sehen würden, wenn wir in größere Entfernungen als in der vorigen Abbildung hinausblicken würden. Der Kreis um die Milchstraße zeigt an, dass sie der Bezugspunkt ist. Wieder sieht es so aus, als würden alle Galaxien sich mit einer Geschwindigkeit, die proportional zu ihrer Entfernung ist, von uns fortbewegen. Stellen wir uns vor, wir würden uns stattdessen in die Galaxie begeben, die durch den dicken Pfeil vier Galaxien weiter nach unten und sieben Galaxien weiter nach links gekennzeichnet ist, und dass wir uns in Bezug auf sie im Ruhezustand befinden. Die rechte Seite der Abbildung zeigt die Geschwindigkeiten mit dieser neuen Galaxie als Bezugspunkt. Das Gesamtbild ist das gleiche: Wir scheinen uns im Mittelpunkt zu befinden, während jede andere Galaxie mit einer Geschwindigkeit davonrast, die proportional zu ihrer Entfernung ist.

wie in der oberen Reihe von Abbildung 1.3, doch dieses Mal werden wir die Geschwindigkeitsvektoren ignorieren. Stellen Sie sich die Galaxien als Koordinaten im Raum vor, so wie Kilometersteine an einer Autobahn (eindimensional), oder wie Breiten- und Längengrade auf einer zweidimensionalen Karte. Anstelle der Vektoren wollen wir zwischen den Kilometermarkierungen Raum hinzufügen. In der oberen Reihe schneiden wir mit einer Schere die Abbildung senkrecht zwischen jeweils zwei Galaxien durch, um dort einen zusätzlichen Papierstreifen von vielleicht zwei Millimeter Breite einzukleben. Nehmen wir an, wir brauchen 30 Minuten, um das zu machen. Danach ist »Nan« 2 Millimeter weiter von der Milchstraße entfernt als vorher, »Orr« ist 4 Millimeter weiter entfernt und »Pam« ist 6 Millimeter weiter entfernt. In diesen 30 Minuten hat »Pam« sich dreimal so weit entfernt wie »Nan«, und »Orr« hat sich doppelt so weit entfernt wie »Nan«. Die Galaxie »Pam«, die am Anfang dreimal so weit entfernt war wie »Nan«, hat sich in diesen 30 Minuten dreimal so weit fortbewegt und hat also scheinbar die dreifache Geschwindigkeit. Wir haben die Expansion des Kosmos reproduziert, aber aus einer völlig anderen Perspektive: Anstatt dass der Raum fixiert ist und die Galaxien sich fortbewegen, expandiert jetzt der Raum zwischen den Galaxien.

Im Folgenden wollen wir uns den Raum als veränderlich vorstellen, nicht als eine starre Bühne, auf der sich die Evolution des Kosmos entfaltet, sondern vielmehr als die Entität, die sich verändert.[12] In Abbildung 1.3 (siehe Seite 32) brauchen »Jon«, »Nan« und »Pam« nicht miteinander zu kommunizieren. Sie bleiben vielmehr einfach an Ort und Stelle, während der Raum, in dem sie sich befinden, überall lokal entsteht, zur gleichen Zeit und mit der gleichen Geschwindigkeit. In diesem Bild besagt das Hubble-Lemaître-Gesetz lediglich, dass der Raum mit einer bestimmten Geschwindigkeit expandiert. In dem zweidimensionalen Modell in Abbildung 1.4 (siehe Seite 34) schneiden wir keine Papierstreifen, sondern können uns stattdessen die Galaxien als aufgemalte Punkte auf einem dehnbaren Gummituch vorstellen. Dann wäre die Expansion des Raums vergleichbar mit dem Dehnen eines sehr großen Gummituchs in beiden Dimensionen. In drei Dimensionen können wir uns ein unendlich großes Gitter aus Tinkertoys vorstellen, mit den hölzernen Knotenpunkten als fixen Koordinaten und den Streben zwischen den Knoten als dem Raum, der im Lauf der Zeit expandiert.

Obwohl wir einige Denkhilfen eingeführt haben – Raum schaffen durch Einkleben von Papierstreifen, ein sich dehnendes Gummituch, Tinkertoys mit länger werdenden Streben – müssen wir im Auge behalten, dass diese Analogien nur dazu dienen, die mathematische Struktur der allgemeinen Relativitätstheorie zu beschreiben. Im Weltraum gibt es nichts, was sich wie Papier, Gummi oder Holz verhält, aber diese verschiedenen Analogien sind nützlich, um unterschiedliche Denkansätze zu veranschaulichen. Die Relativitätstheorie ist viel anspruchsvoller und tiefgründiger, als dass wir sie mit einfachen Modellen und alltäglichen Gegenständen darstellen könnten.

Um es noch einmal zu wiederholen: Wir können uns die Expansion des Universums als Expansion des Raums vorstellen. Seine Expansionsrate hängt davon ab, mit welcher Geschwindigkeit wir »Raum erschaffen«. Wir sollten uns die Expansion des Weltalls nicht so vorstellen, dass Galaxien in einem vorher definierten Raum voneinander wegfliegen. Der Urknall war nicht wie eine Bombe, die vor einigen Milliarden Jahren explodierte, sondern der Urknall war der Anfang einer Explosion des Raums, die überall und zur gleichen Zeit in unserer fernen Vergangenheit stattfand.

Wir fassen zusammen: Am Anfang dieses Abschnitts haben wir das Hubble-Lemaître-Gesetz erklärt und gezeigt, dass man immer im Mittelpunkt des Weltalls zu sein scheint, ganz unabhängig davon, wo im Universum man sich tatsächlich befindet, und dass die Fluchtgeschwindigkeiten anderer Galaxien proportional zu ihrer Entfernung sind. Dann haben wir den Raum als sich verändernde Größe eingeführt und festgestellt, dass das Hubble-Lemaître-Gesetz die Expansion des Raums mit einer bestimmten Geschwindigkeit beschreibt, wenn die Galaxien feste Koordinaten darstellen. Generell können wir den Raum mit einer beliebigen Geschwindigkeit expandieren lassen und sind trotzdem nicht an einem bestimmten Standort. Wir stellen uns das Universum auch weiterhin als unendlich groß vor.

Unser neues Konzept, uns den Raum vorzustellen, wirft die Frage auf: »Was ist Raum?« Dies ist eine profunde Frage, vergleichbar mit »Was ist ein Vakuum?«. Die meisten Physiker würden antworten, dass wir es nicht wissen. Es gibt Epochen in der Geschichte unseres Weltalls, in denen ein expandierender Raum die beste Beschreibung der Natur ist, und es gibt andere Epochen, in denen diese Vorstellung irreführend ist und uns dazu verleiten kann, uns Kräfte vorzustellen, die es gar nicht gibt. Dennoch ist ein expandierender Raum ein vereinheitlichendes Konzept, das uns helfen kann, uns die Expansion des Universums vorzustellen, und das gut mit der von der allgemeinen Relativitätstheorie beschriebenen Verformung der Raumzeit zu vereinbaren ist. Weitere Elemente des expandierenden Raums werden wir in Anhang A.2 behandeln.

Bevor wir uns einem anderen Thema zuwenden, stellen wir fest, dass wir die Expansion des Universums in menschlichen Maßstäben ignorieren können. Wir erkennen sie nur, weil wir in so große Entfernungen hinausblicken können. Die Kräfte, welche die Erde zusammenhalten und sie an die Sonne binden, überlagern die Auswirkungen eines expandierenden Raumes voll und ganz. Selbst unsere Galaxie dehnt sich nicht aus, da die Schwerkraft sie zusammenhält. Das können wir auch etwas quantitativer ausdrücken:

In 100 Jahren würde die Breite dieser Buchseite um etwa 0,001 Mikrometer expandieren, was ungefähr dem zehnfachen Durchmesser eines Atoms entspräche, wenn es an der Expansion des Kosmos teilnehmen würde. Das ließe sich messen. Doch die Kräfte, welche die Moleküle im Papier festhalten und die Messungen zufolge über die Zeit konstant zu bleiben scheinen, würden dafür sorgen, dass die Seite ihre aktuelle Größe beibehält.

Das Alter des Universums

Wenn alle Galaxien sich in der Gegenwart scheinbar von uns fortbewegen, müssen sie in der Vergangenheit näher beieinander gewesen sein. Das Universum war früher kompakter: Die Galaxien im »Hubble Ultra Deep Field« liegen immer dichter zusammen, je weiter wir in der Zeit zurückgehen. Um es genau zu sagen: Wir verwenden den Begriff »kompakt« im Sinne von »kleiner in der Länge« oder »geringer im Abstand«, nicht in Bezug auf Volumen. Als das Universum doppelt so kompakt war, waren die Objekte in ihm nur halb so weit voneinander entfernt.

Irgendwann in ferner Vergangenheit waren die Galaxien wesentlich näher beieinander. Wenn wir noch weiter zurückgehen, erreichen wir eine Zeit, in der die Galaxien sich noch gar nicht gebildet hatten, und dann geht es nicht mehr um den Raum zwischen Galaxien, sondern um den Raum zwischen den Bestandteilen, aus denen später die Galaxien entstehen würden. Je weiter wir zurückgehen, desto weniger Raum existierte, und da es auch damals schon die gleiche Menge an Materie gab, wird die Dichte[13] der Materie ganz enorm. Ab einem bestimmten Punkt unserer Extrapolation funktionieren die heute bekannten Gesetze der Physik nicht mehr, aber so weit müssen wir gar nicht zurückextrapolieren. Worauf es hier ankommt, ist, dass wir bis in eine Zeit zurückextrapolieren können, in der das Universum extrem dicht war, und dass wir diese Epoche in einer endlichen Zeitspanne erreichen. Mit anderen Worten: Das Universum hat ein endliches Alter.

Die genaueste Messung des Alters des Universums stammt von der Wilkinson Microwave Anisotropy Probe (WMAP) und dem Planck-Weltraumteleskop. Die beste Schätzung, die alles berücksichtigt, was wir über die Expansionsgeschichte des Universums wissen, ergibt 13,8 Milliarden Jahre, mit einer Genauigkeit von etwa 1 Prozent – was bedeutet, dass das Alter des Universums zwischen 13,7 und 13,9 Milliarden Jahren liegt.

Aus den Beobachtungen, die wir im vorigen Abschnitt untersucht haben, können wir so einen Schätzwert für das Alter des Universums ermitteln. Wie wir gesehen haben, bewegen sich zwei Galaxien, die 50 Millionen Lichtjahre voneinander entfernt sind, mit 1200 Kilometern pro Sekunde auseinander. Bei dieser Fluchtgeschwindigkeit – die wir als konstant annehmen – waren die Galaxien vor 12,5 Milliarden Jahren an ein und demselben Punkt. Zwei Galaxien, die jetzt 100 Millionen Lichtjahre voneinander entfernt sind, bewegen sich mit einer Geschwindigkeit von 2400 Kilometern pro Sekunde auseinander, sodass sie sich vor derselben Zeitspanne auch an demselben Punkt befunden haben müssen,[14] wie es in Abbildung 1.5 grafisch dargestellt ist. Demnach würden alle Beobachter, unabhängig davon, wie weit sie voneinander entfernt sind, zu dem Schluss kommen, dass das Universum 12,5 Milliarden Jahre alt ist, da sämtliche Galaxien sich an demselben Punkt befinden würden, wenn der gesamte Raum entfernt wird. Es ist ein Glücksfall, dass diese simple Schätzung so nahe an dem genauen ermittelten Wert von 13,8 Milliarden Jahren liegt, worauf wir gleich näher eingehen werden.

Wenn wir zurückextrapolieren, wie wir es oben getan haben, gehen wir davon aus, dass die Expansionsrate konstant war. Wir wissen aber, dass sie nicht konstant war. Allermindestens werden die Galaxien, da die Schwerkraft eine reine Anziehungskraft ist, aufeinander zugezogen, wodurch die Expansion tendenziell verlangsamt wird. Mit dieser einfachen Beobachtung stellen wir eine Verbindung zwischen der Präsenz von Materie und der Expansionsrate her – ein Konzept, das grundlegend für die allgemeine Relativitätstheorie ist. Da also die Expansionsrate nicht konstant war, ist die Hubble-Konstante im Lauf der Entwicklungsge-

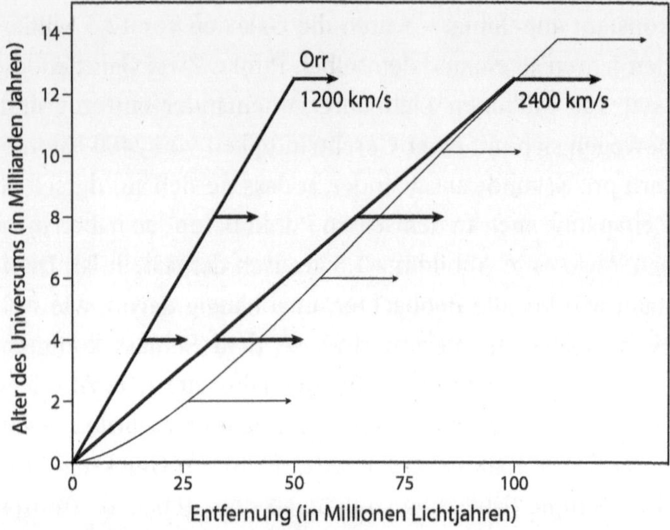

Abbildung 1.5 Wir stellen uns vor, dass wir uns auf der y-Achse im jeweils dort markierten Zeitalter befinden. Die Galaxie »Orr« aus Abbildung 1.3 ist 50 Millionen Lichtjahre entfernt und bewegt sich mit 1200 Kilometern pro Sekunde von uns fort. Entsprechend bewegt sich eine 100 Millionen Lichtjahre entfernte Galaxie mit einer Geschwindigkeit von 2400 Kilometern pro Sekunde von uns fort. Unter der vereinfachenden Annahme, dass die Geschwindigkeit einer Galaxie sich nicht ändert, zeigen die dicken schwarzen Linien, dass die Galaxien, je weiter man in der Zeit zurückgeht, immer näher zusammenrücken, bis sie im selben Punkt liegen. Wie Sie sehen, war die Hubble-Konstante selbst in dieser einfachen Näherung in der Vergangenheit größer. Die dünne graue Linie zeigt die tatsächliche Bahn einer Galaxie, die 100 Millionen Lichtjahre entfernt war, als das Universum 12,5 Milliarden Jahre alt war.

schichte unseres Universums nicht immer gleich geblieben. Ihr tatsächlicher Wert hängt von der kosmischen Epoche ab und wird daher oft als Hubble-»Parameter« bezeichnet. Der oben angegebene Wert von 25 Kilometern pro Sekunde pro Million Lichtjahre gilt nur für die Gegenwart.

Noch in den 1990er-Jahren bestand kein Konsens darüber, wie man zurückextrapolieren sollte, da wir die Expansionsrate im Verlauf der Geschichte des Universums nicht kannten. Doch je dichter das Netz von Beobachtungen im Lauf der Jahre wurde, desto mehr haben wir über die Zusammensetzung des Kosmos und daher auch über seine Expansionsgeschichte erfahren. Heute können wir ziemlich sicher sein, dass wir durch Extrapolieren in die Vergangenheit des Universums dessen Alter realistisch einschätzen können.

In manchen Modellen des Universums ist die gegenwärtige Expansion nur einer von vielen Expansionszyklen, vielleicht einer von unendlich vielen. Bislang liegen noch keine Beobachtungen vor, die solche Modelle ausschließen. Die meisten Kosmologen machen sich das zyklische Modell nicht zu eigen, weil es nicht so gründlich untersucht wurde wie das grundlegende »Inflationsmodell« des Universums, auf das wir später noch näher eingehen werden. Doch wir sollten im Hinterkopf behalten, dass zyklische Modelle durchaus eine Möglichkeit sind. Falls das Universum tatsächlich zyklisch sein sollte, würden sich die 13,8 Milliarden

Jahre auf das Alter des jetzigen Zyklus und die Erörterungen in diesem Buch ebenfalls nur darauf beziehen.

Jetzt haben wir das konzeptionelle Gerüst, um etwas genauer über den Begriff »Urknall« sprechen zu können. Wir definieren ihn als den Zeitpunkt, an dem das Universum zu expandieren begann. Dies ist der Zeitpunkt, an dem wir unsere Uhren starten. Der Begriff hat nichts mit »Raum« zu tun. Wir wissen noch nicht genug über Physik, um den ganzen Weg bis zum Urknall selbst zurückextrapolieren zu können, obwohl zahlreiche Kosmologen an dieser Frage arbeiten.

Als wir in Abschnitt 1.1 darüber gesprochen haben, wie weit entfernt Objekte sind, stellten wir uns das Universum als statisch vor. Jetzt können wir den Grund dafür verstehen. Wenn wir die Expansion des Universums berücksichtigen, besteht ein Unterschied zwischen der Entfernung zu einem Objekt in dem Moment, als das Licht, das wir registrieren, emittiert wurde, und der Entfernung im jetzigen Moment. Jetzt ist das Objekt weiter entfernt als zu dem Zeitpunkt, als es das Licht ausstrahlte. Anstatt davon zu sprechen, wie weit etwas entfernt ist, werden wir von jetzt an meistens davon sprechen, wie kompakt das Universum zu dem Zeitpunkt war, als das Objekt das von uns beobachtete Licht ausstrahlte. Dementsprechend können wir das Objekt auch mit dem Alter, das es hatte, als es das von uns beobachtete Licht emittierte, kennzeichnen. Indem wir uns auf die Kompaktheit des Universums und das Alter des Objekts beziehen, umgehen wir den Umstand, dass das Universum sich ausdehnt, während Licht auf dem Weg zu uns ist. Wir sagen also, dass die am weitesten entfernten Objekte im »Hubble Ultra Deep Field« ihr Licht ausstrahlten, als das Universum etwa zehnmal kompakter und 0,4 bis 0,7 Milliarden Jahre alt war, und sprechen nicht von Entfernung. Diese Praxis nutzen wir nicht nur bei Objekten, sondern auch in Bezug auf Ereignisse und Epochen. Zum Beispiel war das Universum etwa 5,9 Milliarden Jahre nach dem Urknall, also vor etwa 8 Milliarden Jahren, doppelt so kompakt wie heute. Kosmologen verwenden dafür eine etwas andere Terminologie: Sie sagen, der »Skalenfaktor« betrage 0,5, weil die Entfernungen zwischen Objekten nur halb so groß waren wie heute (Faktor 0,5), als das Universum doppelt so kompakt war. In den meisten Fällen werden wir den Begriff »Kompaktheit« verwenden, aber in anderen Zusammenhängen ist es einfacher, den Skalenfaktor zu verwenden. Zum Beispiel entstanden Erde und Mond etwa 9,3 Milliarden Jahre nach dem Urknall, also vor etwa 4,5 Milliarden Jahren, bei einem Skalenfaktor von 0,71. Die Dinosaurier bevölkerten die Erde vor 0,1 Milliarden Jahren, als der Skalenfaktor 0,993 betrug, und der Homo sapiens tauchte vor gerade einmal 100 000 Jahren auf, als das Universum nur unwesentlich kompakter war als heute. Anhang A.3 enthält eine Zeitleiste mit bedeutenden Ereignissen und der damals vorherrschenden Kompaktheit des Universums.

In den vorigen zwei Abschnitten haben wir in das statische Bild, mit dem wir in Abschnitt 1.1 begonnen haben, das Element »Zeit« eingeführt. Jetzt wollen wir das in das Tinkertoys-Modell übertragen. Wir sehen, dass vor 13,8 Milliarden Jahren alle hölzernen Knotenpunkte zusammengequetscht aufeinanderlagen. Da das Tinkertoys-Gitter, soweit wir es beurteilen können, heute im Raum unendlich groß ist, wird es auch dann noch unendlich sein, wenn wir die Expansion rückgängig machen, aber dann werden die Streben zwischen den Knotenpunkten immer kürzer und somit wird die gesamte Gitterstruktur viel dichter. Wir können nicht bis zur unendlichen Dichte oder dem Zeitpunkt Null zurückextrapolieren, denn wir wissen nicht wie, da dann die uns bekannten Gesetze der Physik nicht mehr funktionieren. Obwohl wir schon viel gelernt haben, ist das Bild immer noch nicht ganz zufriedenstellend, weil wir immer noch nicht erklärt haben, warum wir alle Objekte im beobachtbaren Universum in Richtung des »Hubble Ultra Deep Field« zählen können. Darum geht es im nächsten Abschnitt.

Das beobachtbare Universum

Wir haben gerade gesehen, dass das Alter des Universums endlich ist und dass alle Beobachter sich darüber einig sind, wie alt es ist. Die nächste wichtige Zutat, um unser Modell zu entwickeln, besteht darin, die Lichtgeschwindigkeit zu berücksichtigen. Bis jetzt haben wir die endliche Lichtgeschwindigkeit hauptsächlich dafür herangezogen, um eine Entfernung zu bestimmen, nämlich das Lichtjahr. Das wollen wir jetzt vertiefen.

Wenn wir sofort an eine beliebige Position irgendwo im Universum hinreisen könnten, würde dort die galaktische Umgebung ähnlich aussehen wie die Umgebung um uns herum. Das ist das kosmologische Prinzip. Ganz gleich, wohin wir reisen, überall würden wir unterschiedliche Galaxien sehen, aber wenn wir das Alter des Universums berechnen wollten, kämen wir immer auf 13,8 Milliarden Jahre.

Da die Lichtgeschwindigkeit endlich ist und wir das Alter des Universums kennen, gibt es eine maximale Größe für den Teil des Universums, den wir beobachten können. Mit anderen Worten: Das beobachtbare Universum hat eine endliche Größe. Es ist ganz einfach, diese Größe zu schätzen. Eine erste Näherung liefert uns die Tatsache, dass wir in einer Richtung nicht weiter sehen können als das Alter des Universums mal der Lichtgeschwindigkeit. Es ist so, als befände sich jeder Beobachter in der Mitte eines kugelförmigen Volumens mit einem Durchmesser von $2 \times 13{,}8 = 27{,}6$ Milliarden Lichtjahren. Tatsächlich ist der Durchmesser dieses kugelförmigen Volumens etwas mehr als dreimal so groß, weil wir in unserer Näherung nicht berücksichtigt haben, dass der Weltraum expandiert, während er vom Licht durchquert wird. Doch der wichtige konzeptionelle Punkt ist, dass keine Information sich schneller als mit Lichtgeschwindigkeit fortbewegen kann und es daher eine Grenze dessen gibt, wie weit wir sehen können – daher der Name »beobachtbares Universum«. Wenn Kosmologen über das »Universum« sprechen, meinen sie in den meisten Fällen tatsächlich das beobachtbare Universum. Aber es ist gut, daran zu denken, dass die galaktische Umgebung am »äußeren Rand« unseres beobachtbaren Universums zum jetzigen Zeitpunkt dem ähnelt, was wir um uns herum sehen. Weitere Informationen über die Beziehung zwischen Alter, Größe und Kompaktheit des beobachtbaren Universums finden Sie in Anhang A.4.

Ist das Universum unendlich?

Ganz weit außerhalb unseres beobachtbaren Universums könnten der Raum – und sogar die Gesetze der Physik – anders sein. Wir wissen nicht, ob das Universum wirklich unendlich ist, in dem Sinne, dass es endlos im Raum weitergeht. Doch Beobachtungen deuten darauf hin, dass ein unendliches Universum mit ähnlichen Eigenschaften, wie sie die kosmische Umgebung der Milchstraße aufweist, die beste und einfachste Beschreibung der vorliegenden Daten ist. Das heißt, wir können keinen Unterschied zwischen dem, was wir beobachten, und einem Modell des Universums, dessen räumliche Ausdehnung unendlich ist, erkennen.

Um das in einen größeren Zusammenhang zu stellen: Bis vor einigen Jahrzehnten gab es keinen wissenschaftlichen Grund, a priori zu glauben, dass das Universum unendlich sei. Die Kosmologen wussten noch nicht, ob weitere Beobachtungen uns zeigen würden, dass das Universum endlich ist – mit anderen Worten, dass es eine endliche Ausdehnung hat und eine bestimmte Menge an Material enthält. Wenn dies der Fall wäre, hätten wir immer noch ein expandierendes Universum mit einem endlichen Alter, aber es hätte eine endliche Ausdehnung und würde in einer endlichen Zeit kollabieren. Stattdessen haben unsere Beobachtungen vom Inhalt des Universums, die wir im nächsten Kapitel beschreiben werden, gezeigt, dass wir das Universum im Grunde genommen als unendlich betrachten sollten.

Stellen wir uns jetzt für einen Moment das Universum als einen unermesslich großen Behälter voller Schokochip-Eiscreme vor. Nehmen wir an, die Schokochips wären die Galaxien und das Eis der Weltraum. Unser beobachtbares Universum wäre wie eine sehr große Eiskugel, die irgendwo im Innern des Behälters entnommen wird, weit weg von den Behälterwänden. In dieser Kugel wären vielerlei unterschiedlich große Chips zu finden, aber auch alle anderen potenziellen Kugeln würden so ähnlich aussehen und wären als das gleiche Schokochip-Eis zu erkennen – egal, woher die Kugel stammt, solange sie nur von den Behälterwänden weit entfernt war. Die Behälterwände – falls es sie denn gibt – markieren die Grenze zu einer anderen Physik, zu der wir keinen Zugang haben.

Die Ausdehnung des Universums ist ein aktives Forschungsgebiet. Hin und wieder schlägt jemand ein Modell für ein endliches Universum vor; wenn man jedoch die Vorhersagen eines solchen Modells mit den empirischen Beobachtungen vergleicht, stellt man fest, dass ein unendliches Universum die vorliegenden Daten besser beschreibt. Vor diesem Hintergrund ist die Frage »In was hinein dehnt das Universum sich aus?« nicht zu beantworten – oder gar nicht erst relevant.

Wie wir in der Zeit zurückblicken

Jetzt wollen wir unserem Modell das nächste konzeptionelle Element hinzufügen. Auch dieses basiert auf der Lichtgeschwindigkeit, aber diesmal verwenden wir das Licht nicht als Entfernungsmaß. Oben haben wir festgestellt, dass die Sonne acht Lichtminuten von uns entfernt ist und wir sie so sehen, wie sie vor acht Minuten war. Ähnlich verhält es sich, wenn ein Objekt 20 Millionen Lichtjahre entfernt ist: Wenn wir es wahrnehmen, sehen wir es so, wie es vor 20 Millionen Jahren war. Je tiefer wir in den Weltraum blicken, desto früher in ihrem Lebenszyklus waren die Objekte, die wir zu sehen bekommen. Wir können unsere gesamte kosmische Entwicklungsgeschichte ablesen, indem wir immer tiefer in den Weltraum schauen, weil wir dabei immer weiter in die Vergangenheit blicken. Mit anderen Worten: Ein Teleskop ist wie eine Zeitmaschine.

Überlegen wir zunächst, was das bedeutet, wenn wir nur einen kleinen Schritt hinausgehen. Ein Stern kann explodieren und dabei in einer sogenannten »Supernova« enorme Mengen an Licht und Elementarteilchen freisetzen. Solche Explosionen können wir sehen. Im Jahr 1987 wurde beobachtet, wie ein Stern in der benachbarten Großen Magellanschen Wolke explodierte (siehe Seite 22, Abbildung 1.2 und Tafel 3 im Bildteil). Die Große Magellansche Wolke ist etwa 160.000 Lichtjahre entfernt. Das heißt, dass dieser Stern schon explodierte, bevor der Homo sapiens überhaupt auf der Bildfläche erschien, wir aber das damals emittierte Licht erst 1987 zu sehen bekamen. Diese spezielle Supernova mit der Bezeichnung 1987A ist etwas Besonderes, weil wir in ihrer Strahlung neben sichtbarem Licht auch Neutrinos entdeckt haben. Neutrinos sind schwierig zu erfassende Elementarteilchen, die mit den Wechselwirkungen innerhalb von Atomkernen in Verbindung stehen. Sie können sich annähernd mit Lichtgeschwindigkeit fortbewegen und interagieren kaum mit Materie. Wir werden später noch ausführlicher auf sie eingehen, stellen hier aber schon einmal fest, dass wir nicht nur Licht, sondern auch Teilchen aus ferner Vergangenheit empfangen können. Von dieser Supernova allein registrierten wir etwa hundert Milliarden Neutrinos pro Quadratzentimeter, die auf der Erde auftrafen. Die meisten davon flogen einfach durch unseren Planeten hindurch; 25 von ihnen wurden im Detektor des Kamioka Nucleon Decay Experiment (kurz »Kamiokande«) in Japan registriert.

Supernovae sind so hell, dass sie über extrem große Entfernungen zu erkennen sind. Mit leistungsstarken Teleskopen können Astronomen Supernovae von relativ kurzlebigen Sternen beobachten, die explodiert sind, als das Universum noch doppelt so kompakt war wie heute – 5,9 Milliarden Jahre nach dem Urknall. Das bedeutet, dass der ursprüngliche Stern schon seit 8 Milliarden Jahren nicht mehr existiert! Was für uns übrig bleibt, ist eine ungefähr kugelförmige Schicht aus Licht und Elementarteilchen, die das Universum durchquert. Wir sehen diese Schicht, wenn sie an der Erde vorbeizieht, und die vielen Milliarden Teilchen, die sie mit sich bringt, strömen durch uns hindurch, als gäbe es uns gar nicht. Überall im Universum finden solche Supernovae statt und senden ihre Druckwellen aus, die den Kosmos durchqueren. Bei denen, die wir entdecken, können wir die verblassende Glut der Explosion untersuchen, um die Zusammensetzung dieser fernen Sterne in Erfahrung zu bringen.

Obwohl einzelne junge Sterne in großen Entfernungen zu klein sind, um sie zu erkennen – es sei denn, sie explodieren –, können wir entstehende Galaxien aus einer Zeit sehen, als das Universum weniger als eine Milliarde Jahre alt war. Kehren wir noch einmal zum »Hubble Ultra Deep Field« zurück. Tafel 5 (siehe Bildteil) zeigt, was wir sehen, wenn wir immer tiefer in den Weltraum blicken. Hubble und andere Teleskope können fast bis in eine Zeit zurückblicken, in der Galaxien sich gerade erst bildeten, indem sie hohe Empfindlichkeit mit der Fähigkeit verbinden, genau auf ein kleines Himmelsareal zu fokussieren. Es wurde bereits erwähnt, dass wir sämtliche Galaxien im Universum zählen können. Jetzt können wir sehen, was das bedeutet. Wir können in eine Zeit zurückblicken, als es noch keine Galaxien gab – in eine Epoche, in der das Universum rund zwanzigmal kompakter als heute und etwa 200 Millionen Jahre alt war (siehe Anhang A.3). Das heißt, dass wir in dem Teil des Universums, zu dem wir Zugang haben – unserem beobachtbaren Universum –, alle Galaxien zählen können. Wie schon gesagt gibt es etwa 100 Milliarden davon, die der Milchstraße mehr oder weniger ähnlich sind.

Wenn wir noch weiter hinausblicken, können wir die Geburt der ersten Sterne beobachten. Das ist zwar noch nicht gelungen, doch es sind Instrumente im Bau, die das ermöglichen sollen. Wenn wir noch weiter in die Vergangenheit zurückblicken, werden wir die Reststrahlung des Urknalls sehen können, die kosmische Mikrowellenhintergrundstrahlung (»Cosmic Microwave Background«, CMB). Dies ist das Licht vom äußeren Rand des beobachtbaren Universums.

Wir haben ein umfassendes und erweiterbares Modell vorgestellt, das uns helfen kann, das Universum zu erkunden. Die Expansion des Universums nötigt uns, über ein Universum nachzudenken, das in der Vergangenheit kompakter war. Wir haben die Expansion bis zu einem extrem dichten Urknall zurückextrapoliert, der vor 13,8 Milliarden Jahren stattfand. Dies ist das Alter des Universums. Die endliche Lichtgeschwindigkeit in Verbindung mit dieser festen Zeitspanne hat uns zu dem Schluss geführt, dass wir nur so weit in das Universum hinausschauen können. Mit anderen Worten: Wir haben nur Zugang zum beobachtbaren Universum.

In den vorangegangenen Erörterungen waren die Galaxien meistenteils nur Entfernungsmarkierungen oder Wegweiser, die uns halfen, Konzepte wie »das beobachtbare Universum« zu entwickeln und das Alter unseres Universums zu definieren. Wir hätten das gleiche Modell auch mit einer wesentlich kleineren Anzahl an Galaxien entwickeln können, nämlich denen, die wir tatsächlich beobachten. Denn schließlich haben wir nur Aspekte von Raum und Zeit betrachtet, die durch die Lichtgeschwindigkeit miteinander verknüpft sind. Aber wie wir sehen werden, besteht ein enger Zusammenhang zwischen der Zusammensetzung des Universums und der Expansion des Raums. Um diesen Zusammenhang zu verstehen, wollen wir uns zunächst der Frage zuwenden, woraus das Universum besteht.

KAPITEL 2

ZUSAMMENSETZUNG UND ENTWICKLUNGS-GESCHICHTE DES UNIVERSUMS

Das Universum hat drei Hauptkomponenten: Strahlung, Materie und Dunkle Energie. Wir stellen uns jede davon als eine Dichte vor – das heißt, als Energie oder Masse pro Volumen. Wie schon erwähnt, können wir mithilfe der Gleichung $E = mc^2$ Masse in Energie umwandeln und umgekehrt. So können wir die drei Komponenten auf der gleichen Grundlage behandeln. Dann können wir sagen, dass sich die Energiedichte des Universums, gemittelt über ein großes Volumen, aus x Prozent Strahlung, y Prozent Materie und z Prozent Dunkler Energie zusammensetzt. Rekapitulieren wir kurz diese drei Begriffe, bevor wir näher auf x, y und z eingehen.

Das Universum ist voller Strahlung in Form von Wärmeenergie. Das ist die CMB. Wie wir sehen werden, ist die CMB eigentlich ein Fossil des entstehenden Universums, aber es ist ein Fossil in Form von primordialem (uranfänglichem) Licht, im Gegensatz zu etwas Materiellerem. Wie ein Dinosaurier-Fußabdruck ist es nicht so wichtig, um den jetzigen Zustand des Universums zu verstehen, aber es ist unentbehrlich, um uns zu zeigen, wie wir dorthin gekommen sind, wo wir uns jetzt befinden.

Die Komponente »Materie« teilt sich in zwei Unterkomponenten auf: Atome und Dunkle Materie. Wenn wir tief in den Nachthimmel schauen, zum Beispiel mit dem Hubble-Weltraumteleskop, sehen wir Galaxien, weil die in ihnen enthaltenen Atome Licht ausstrahlen. Die Atome, deren Strahlung wir sehen, machen nur einen kleinen Bruchteil aller Atome aus – alle Atome zusammen machen nur 17 Prozent der gesamten Masse aus, und darüber hinaus macht die gesamte Masse nur 30 Prozent der gesamten Energiedichte aus. Wenn wir ein Bild einer Galaxie betrachten, ist das ungefähr so, als würden wir bei Nacht über eine Landschaft fliegen und versuchen zu erkennen, was unter uns ist – Berge, Wälder, Wüsten, Seen –, indem wir darauf achten, wie die Lichter von Häusern verteilt sind. Dabei entsprechen solche Lichter den Galaxien, und die Erdoberfläche entspricht dem

Universum. In der Nähe von Städten ist zu erkennen, was unter uns ist, aber für den größten Teil des Fluges bräuchten wir mehr als nur eine Momentaufnahme der Lichter. Wenn wir das Universum auf unterschiedliche Arten beobachten, können wir die zusätzlichen Informationen gewinnen, die wir brauchen, um herauszufinden, wie sich der Kosmos zusammensetzt.

Die dritte Hauptkomponente ist die Dunkle Energie. Im Gegensatz zur CMB ist sie wichtig, um den jetzigen Zustand des Universums und seine künftige Expansion zu verstehen, doch im frühen Universum spielte sie keine bedeutende Rolle. Sie ist die Komponente, die wir am wenigsten verstehen. Wir wissen erst seit Ende der 1990er-Jahre von ihrer Existenz und versuchen seither, sie mit dem Rest unseres physikalischen Wissens in Einklang zu bringen.

In verschiedenen Epochen der Geschichte unseres Universums dominierte stets eine dieser drei Formen von Energiedichte über die anderen. In den ersten rund 50.000 Jahren der kosmischen Geschichte war Strahlung in Form der CMB die vorherrschende Form von Energie. Dann, in den darauf folgenden zehn Milliarden Jahren, dominierte Materie; oder, um es in den gleichen Begriffen wie bei der CMB auszudrücken: ihre äquivalente Energie dominierte. Und in jüngster Zeit, in den letzten 3,8 Milliarden Jahren, hat sich die Dunkle Energie zur dominanten Energieform entwickelt. Jetzt wollen wir diese drei Komponenten etwas genauer untersuchen, um zu sehen, wie sie im Lauf der Zeit interagieren und die Struktur des Universums hervorbringen.

Die kosmische Mikrowellenhintergrundstrahlung

Das wichtigste Charakteristikum der CMB ist ihre Temperatur, nämlich 2,725 Kelvin. In diesem Abschnitt werden wir interpretieren, was das bedeutet. Ein weiterer Aspekt der CMB ist, dass ihre Temperatur in verschiedenen Regionen des Universums – oder, aus unserer Sicht, in verschiedenen Regionen des Nachthimmels – nur geringfügig variiert. Ein dritter Aspekt ist ihre Polarisation. Auf die Temperaturvarianz und die Polarisation werden wir in späteren Abschnitten näher eingehen.

Die Tatsache, dass wir die CMB als eine Temperatur charakterisieren können, ist für sich genommen schon eine grundlegende Aussage. Die CMB ist Wärmestrahlung oder Strahlungsenergie in einer ganz bestimmten Form, die »Schwarzkörperstrahlung« genannt wird. Objekte, die Schwarzkörperstrahlung emittieren, werden Schwarze Körper genannt.

Um ein Gefühl für Wärmestrahlung zu bekommen, wollen wir einen einfachen Vergleich anstellen. Ein schwarzes Blatt Papier, das in der Sonne liegt, wird wärmer als ein weißes, das wiederum wärmer wird als ein perfekter Spiegel. Das schwarze Blatt Papier absorbiert die auftreffende

Strahlung, das weiße Blatt Papier absorbiert nur einen Teil davon, reflektiert sie aber zum größten Teil und streut sie dabei, während der perfekte Spiegel die gesamte auftreffende Strahlung reflektiert und nichts davon absorbiert.[15]

Aus den Gesetzen der Thermodynamik können wir folgern, dass ein guter Absorber von Strahlung auch ein guter Emittent sein muss. Das heißt, wenn Sie Ihre Hand über ein schwarzes Blatt Papier halten, das der Sonne ausgesetzt war – ohne es zu berühren –, werden Sie spüren, dass es mehr Energie abstrahlt als ein weißes Blatt oder ein Spiegel. Noch bessere Beispiele für Schwarzkörperstrahler sind die Sonne selbst oder ein Töpferofen.

Objekte strahlen ihre Wärmeenergie über einen Bereich – ein Spektrum – von Wellenlängen ab. Doch selbst bei Schwarzen Körpern entfällt der größte Teil dieser Energie auf einen begrenzten Teil dieses Spektrums. Mit anderen Worten: Schwarze Körper strahlen Energie hauptsächlich in einem relativ kleinen Wellenlängenbereich ab. Bei der Sonne entfällt fast die Hälfte der abgestrahlten Energie auf die Wellenlängen zwischen 0,4 und 0,8 Mikrometern. Es ist kein Zufall, dass dies genau das sichtbare Spektrum ist, das wir mit unseren Augen wahrnehmen, die sich vermutlich im Lauf der Evolution so entwickelt haben, dass wir das Strahlungsspektrum der Sonne sehen können. Wir wissen, dass die Sonne auch ultraviolette Strahlung emittiert (besser bekannt als UV-Licht). So liegt zum Beispiel »UV-B«, die

Hauptursache für Sonnenbrand, bei einer Wellenlänge von 0,3 Mikrometern, doch diese Strahlung können wir nicht sehen. Die Sonne strahlt auch im »Nahinfrarot«-Bereich, aber auch dieses Licht können wir nicht sehen.

Je niedriger die Temperatur eines Objekts ist, desto länger ist die dominante Wellenlänge der Strahlung. Diese Tatsache ist als Wiensches Verschiebungsgesetz bekannt, welches besagt, dass die dominante Wellenlänge der Strahlung eines Schwarzen Körpers in Mikrometern ungefähr 3000 geteilt durch seine Temperatur in Kelvin beträgt. So strahlt zum Beispiel die Sonne mit ihrer Temperatur von etwa 6000 Kelvin hauptsächlich bei einer Wellenlänge von 3000/6000, also 0,5 Mikrometern. Die Milchstraße ist etwa zweihundertmal kälter als die Sonne, also 30 Kelvin, und strahlt daher vorwiegend bei einer Wellenlänge, die zweihundertmal länger ist. Nach diesem simplen Gesetz ergibt sich also eine Wellenlänge von 3000/30, also 100 Mikrometern. Dies ist die Wellenlänge der Ferninfrarotstrahlung, die DIRBE registriert hat (siehe Bildteil Tafel 3). Obwohl das Wiensche Verschiebungsgesetz sich auf eine spezifische Wellenlänge bezieht, können wir davon ausgehen, dass der größte Teil der Strahlung aus einem Bereich nahe der dominanten Wellenlänge kommt. Mit dieser einfachen Relation können wir die Temperatur eines Objekts mit der Wellenlänge des von ihm ausgestrahlten Lichts in Verbindung setzen.

Wir können Wärmestrahler wie die Sonne auch im Kontext von atomaren Prozessen betrachten. Je heißer ein Objekt ist, desto stärker wirbeln die subatomaren Teilchen herum und strahlen Licht aus. Je mehr sie sich bewegen, desto mehr Energie strahlen sie ab; je mehr Energie sie abstrahlen, desto kürzer ist die dominante Wellenlänge der Strahlung. Der Unterschied zwischen einem Schwarzkörperstrahler und einem Ensemble energiereicher Atome besteht darin, dass für Schwarzkörperstrahlung viele Atome gebraucht werden, welche die Strahlung ihrer Nachbarn absorbieren und sie dann wieder abstrahlen. Wir können uns die Strahlung als Strandbälle vorstellen und die Atome als eine bestimmte Gruppe von Strandbesuchern, die immer mit Strandbällen spielen. An einem heißen Tag kämen so viele Strandbesucher, dass man kleinere Bälle bräuchte, um überhaupt spielen zu können. Aus der Ferne würde man eine Menge kleiner Bälle sehen, die energisch hin- und hergeworfen werden und durch die Luft wirbeln. Das entspräche einer Hochtemperatur-Strahlung mit kurzer Wellenlänge. An einem kalten Tag wären dagegen weniger Leute am Strand, sodass sie größere Bälle verwenden könnten, und vielleicht würden sie sich beim Spielen weniger anstrengen, sodass weniger Bälle in der Luft herumfliegen würden. Das entspräche einer Niedrigtemperatur-Strahlung mit langer Wellenlänge.

Es ist ein fundamentaler Aspekt von Schwarzkörperstrahlung, dass man nur die Temperatur spezifizieren muss und dann weiß, wie viel Energie insgesamt in allen Wellenlängen abgestrahlt wird. Das heißt, die Temperatur beschreibt das gesamte Spektrum, nicht nur die dominante Wellenlänge. Per definitionem befinden sich Objekte, die Schwarzkörperstrahlung emittieren, im thermischen Gleichgewicht mit dieser Strahlung. Mit anderen Worten: Die Temperatur der Strahlung stimmt mit der Temperatur des Objekts überein. Nehmen wir an, Sie hätten ein Thermometer in eine Wand eines Brennofens eingebaut, ein gutes Stück entfernt von der Strahlungsquelle. Die Temperatur, die Sie der Strahlung im Ofen zuschreiben würden, indem Sie die Energiemenge bei jeder Wellenlänge messen, wäre die gleiche wie die von dem Thermometer gemessene Wandtemperatur des Ofens. Um es in den Kontext unserer früheren Analogie zu stellen: Sie können feststellen, wie viele Ballspieler am Strand sind und wie hoch ihre Temperatur ist, indem Sie einfach darauf achten, wie viele Bälle in der Luft sind.

Im Jahr 1900 leitete Max Planck die berühmte Formel ab, mit der sich die Schwarzkörperstrahlung berechnen lässt. Die CMB wurde inzwischen bei vielen verschiedenen Wellenlängen vermessen und folgt der Planckschen Formel bis an die Grenzen der Messgenauigkeit. Daher wissen wir, dass die CMB aus einer Zeit stammt, in der die Materie im Universum sich im thermischen Gleichgewicht mit der Strahlung befand. Abbildung 2.1 zeigt Messungen des CMB-Spektrums durch den COBE-Satelliten und andere Instrumente.

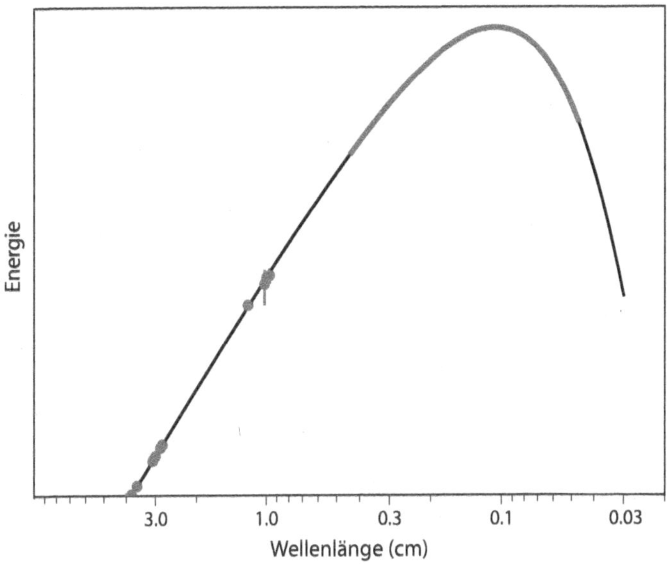

Abbildung 2.1 Das Spektrum der CMB. Die x-Achse zeigt die Wellenlänge und die y-Achse die ausgestrahlte Energie. Die dünne schwarze Linie zeigt den Wert der berühmten Planckschen Formel für einen Schwarzen Körper bei 2,725 Kelvin. Die dicke graue Linie zeigt Messwerte, die von dem FIRAS-Instrument (Far Infrared Absolute Spectrophotometer) des COBE-Satelliten erfasst wurden. Die Fehlerbalken sind kleiner als die Dicke der Linie. Einige ausgewählte Messungen bei Wellenlängen, die größer sind als der von FIRAS erfasste Bereich, sind ebenfalls in Grau dargestellt. Die Übereinstimmung zwischen den Messdaten und den Ergebnissen der Planckschen Formel für schwarze Körper ist offensichtlich.

Es wurde vielfach versucht, das CMB-Spektrum mit verschiedenen Strahlungsquellen zu erklären, um alternative Erklärungen für den Urknall zu finden. So wurde zum Beispiel vorgeschlagen, dass die CMB-Strahlung von weit entfernten Wolken aus kaltem Staub stammen könnte. Solche Hypothesen sind daran gescheitert, dass das aus alternativen Strahlungsquellen zu erwartende Spektrum nicht den empirischen Beobachtungen entspricht. Dennoch ist es wichtig, nach Abweichungen von einem Planck-Spektrum zu suchen. Eine Abweichung kann uns zum Beispiel verraten, ob es eine Injektion von Energie in das Universum gegeben hat, etwa durch zerfallende Teilchen aus einer früheren Epoche.

In einem historischen Schritt für die Entwicklung der theoretischen Physik, die Geburtsstunde der Quantenmechanik, stellte Planck die Hypothese auf, dass elektromagnetische Strahlung quantisiert sei, um seine Formel ableiten zu können. Das bedeutet, dass Strahlung als diskontinuierliche Energiepakete oder -quanten beschrieben werden kann. Diese Quanten werden als »Photonen« oder »Lichtteilchen« bezeichnet. Eine der Grundlagen der Quantenphysik ist, dass die Wechselwirkungen zwischen Strahlung und Materie einerseits so betrachtet werden können, als würden sie zwischen Wellen und Materie stattfinden, andererseits aber auch so, als fänden sie zwischen Teilchen und Materie statt. In manchen Fällen ist das eine Konzept einfacher anzuwenden als das andere und umgekehrt. Unsere Strandbesucher, die mit Bällen spielen, lassen sich mit Atomen vergleichen, die Photonen absorbieren und emittieren. Was die CMB angeht, gibt es gegenwärtig etwa 400 Photonen in jedem Kubikzentimeter des Universums. Wenn wir wissen, dass die Strahlung von einem Schwarzen Körper stammt, ist die Angabe der Photonendichte gleichbedeutend mit der Angabe der Temperatur.

Wir wissen nicht a priori, dass das Universum am Anfang in einem extrem heißen Zustand war. Wenn wir die CMB außer Acht lassen, könnte das gesamte Modell, das wir vom expandierenden Universum entwickelt haben, im Prinzip auch mit einem relativ kühlen frühen Universum funktionieren. Doch aufgrund der Tatsache, dass die CMB existiert, wissen wir, dass das frühe Universum heiß war und sich im thermischen Gleichgewicht befand. Es funktioniert wie folgt.

Während das Universum expandiert, werden die Wellenlängen des Lichts proportional zur Expansion gestreckt. Stellen Sie sich vor, Sie hätten einen Slinky (eine Spiralfeder aus Metall oder Kunststoff, auch als »Treppenläufer« bekannt). Nehmen wir an, dass jede volle Windung Ihres Slinky der Länge einer Lichtwelle entspricht, und dass er im Ruhezustand zehn Zentimeter lang ist. Ziehen Sie ihn jetzt auf 20 Zentimeter Länge aus. Die Gesamtzahl der Windungen ist gleich geblieben, aber die Strecke, die jede Windung jetzt einnimmt, ist größer geworden. Das entspricht der Dehnung der Wellenlänge des Lichts, wenn das Universum um den Faktor zwei expandiert.

Nicht nur die Wellenlängen der CMB werden auf ihrem Weg zu uns gestreckt, sondern die Wellenlängen des gesamten Lichts von allen fernen Objekten werden gestreckt. Wir sehen weit entfernte Objekte nicht nur so, wie sie waren, als sie jünger waren, sondern wir sehen sie auch in Form von gestreckten Wellenlängen.

Es gibt noch eine andere Möglichkeit, sich vor Augen zu führen, wie Wellenlängen gestreckt werden. Auf der Autobahn kann es Ihnen passieren, dass Polizisten, die auf der Autobahn patrouillieren, Ihr Auto mit einem Doppler-Radar anpeilen, um zu sehen, wie schnell Sie fahren. Wenn die Radarstrahlung von Ihrem Auto zum Messgerät zurückreflektiert wird, verschiebt sich seine Wellenlänge ein wenig – wenn sich der Abstand zwischen dem Messgerät und Ihrem Auto verringert, wird die Wellenlänge verkürzt. Dieses Phänomen ist als der »Dopplereffekt« bekannt. Er tritt auf, weil Ihr Auto durch die Reflexion zu einem fahrenden Emittenten von Radarstrahlung wird, und eine fahrende Strahlungsquelle strahlt eine andere Wellenlänge aus als eine stehende. Die Polizisten können anhand des Unterschieds zwischen der ausgestrahlten und der empfangenen Wellenlänge feststellen, wie schnell Sie fahren. Die Verschiebung ist klein, kann aber mit der Doppler-Gleichung exakt berechnet werden. Falls der Doppler-Radar stattdessen ein Signal von einer Quelle empfängt, die sich entfernt, wird die Wellenlänge gestreckt. Da die Farbe Rot am langwelligen Ende des sichtbaren Spektrums liegt, spricht man in diesem Fall von einer Rotverschiebung des Lichts.

Hubble und Lemaître nutzten die Rotverschiebung des Lichts von erkennbaren Atomen in fernen Galaxien, um deren Geschwindigkeit zu bestimmen. Es gibt jedoch eine interessante Feinheit, die mit unseren vorangegangenen Erörterungen darüber zusammenhängt, wie wir uns das Universum vorzustellen haben: Für sehr weit entfernte Objekte, die wesentlich weiter entfernt sind als jene, die Hubble und Lemaître kannten und die sich mit einem beträchtlichen Anteil der Lichtgeschwindigkeit entfernen, ergibt sich die Fluchtgeschwindigkeit nicht aus der Doppler-Gleichung, ja nicht einmal aus ihrer relativistischen Erweiterung. Die scheinbare Geschwindigkeit eines fernen Objekts – die Geschwindigkeit, die in das Hubble-Lemaître-Gesetz eingeht – resultiert aus der Expansion des Raums. Dieses Phänomen wird als »kosmologische Rotverschiebung« bezeichnet. Wir wollen diese Konzepte jetzt auf das fernste Licht anwenden, das wir beobachten können, nämlich die CMB.

Wenn wir in der Zeit zurückgehen, werden die Wellenlängen, aus denen die CMB besteht, kürzer, weil der Raum kompakter ist. Bei seiner jetzigen Temperatur von 2,725 Kelvin beträgt die dominante Strahlungswellenlänge 3000/2,725 oder etwa 1000 Mikrometer (das entspricht 0,1 cm, siehe Seite 63, Abbildung 2.1), wie es sich aus dem

Wienschen Verschiebungsgesetz ergibt. Es lässt sich zeigen, dass die Planck-Formel dieselbe Form beibehält, wenn das Universum kompakter ist, aber damit das funktioniert, muss die Temperatur im umgekehrten Verhältnis zur Größe des Kosmos steigen. Wenn wir uns in die Zeit zurückversetzen, als das Universum doppelt so kompakt war wie heute, vor etwa acht Milliarden Jahren, war die Temperatur der CMB doppelt so hoch wie heute, also etwa 5,2 Kelvin. Und die dominante Wellenlänge war halb so groß wie heute, also 500 Mikrometer, es gab 3200 Photonen pro Kubikzentimeter, und das Spektrum war auch damals schon dasjenige eines Schwarzen Körpers.

Wir können immer weiter zurückgehen, in eine Zeit, in der das Universum noch viel kompakter war. Etwa 400.000 Jahre nach dem Urknall war das Universum tausendmal kompakter als heute und die CMB war 2,725 Kelvin heiß, etwa halb so heiß wie die Sonne. Sie war gerade energiereich genug, um Elektronen von dem Proton im Kern von Wasserstoffatomen fortzureißen.

Wenn wir noch weiter zurückgehen, bis etwa drei Minuten nach dem Urknall, war das Universum etwa 333 Millionen Mal so kompakt wie heute, die Temperatur betrug 1 Milliarde Kelvin und die Strahlung war so intensiv, dass Heliumkerne gerade eben noch zusammenhalten konnten. Die Energie, welche Neutronen und Protonen in einem Helium-Atomkern zusammenhält, ist etwa eine Million

Mal höher als die Energie, die Elektronen an Protonen bindet, sodass Strahlung etwa eine Million Mal heißer und die Wellenlänge eine Million Mal kürzer sein muss, um solche Atomkerne auseinanderzureißen.

Als das Universum um einen weiteren Faktor 3000 kompakter und heißer war, etwa 25 Millionstel Sekunden nach dem Urknall, existierten Neutronen und Protonen noch nicht als separate Teilchen, und das Universum bestand aus einem »Quark-Gluon-Plasma«. (Quarks sind die Elementarteilchen, aus denen Protonen und Neutronen bestehen.) Auf der Erde konnte ein solcher Zustand von Materie im Relativistic Heavy Ion Collider (RHIC) auf Long Island im US-Bundesstaat New York reproduziert werden. Wenn wir bis zu einem Zustand zurückgehen, in dem das Universum etwa 50 Millionen Milliarden Mal so kompakt war wie heute, etwa ein Hunderttausendstel einer Milliardstelsekunde nach dem Urknall, entsprach die Energie eines Photons ungefähr der Energie, die bei einer Kollision zwischen zwei Protonen im Large Hadron Collider in der Schweizer Stadt Genf freigesetzt wird. Dabei handelt es sich um die energiereichsten Elementarteilchen, die der Mensch bisher erzeugt hat, doch im Universum können wir noch höhere Energien erforschen.

Jetzt können wir das Konzept eines heißeren, jüngeren Universums mit dem räumlichen Modell verbinden, das wir entwickelt haben. Wenn wir sofort an einen beliebigen Ort irgendwo im Universum reisen könnten, würde die Temperatur überall 2,725 Kelvin betragen. Das können wir »die aktuelle Temperatur« des Universums nennen. Wenn wir stattdessen sofort durch das Universum hätten reisen können, als es noch doppelt so kompakt war, hätten wir überall eine Temperatur von 5,2 Kelvin gemessen. Zu diesem Zeitpunkt wäre eine Galaxie acht Milliarden Jahre jünger gewesen. Würden wir heute genau dieselbe Galaxie von der Erde aus beobachten, würde sie uns als viel jünger erscheinen, und die Wellenlängen ihrer Strahlung wären alle um den Faktor zwei länger, weil das Universum sich seit der Zeit, als diese Galaxie ihr heute auf der Erde eintreffendes Licht ausstrahlte, ausgedehnt hat.

Woher kommt das Licht, wenn wir die CMB messen? Kehren wir noch einmal zur Tafel 5 (siehe Bildteil) zurück. Das Licht der CMB, das auf unsere Detektoren trifft, ist seit unmittelbar nach dem Urknall auf dem Weg zu uns. Es begann seine Reise, bevor es überhaupt Sterne und Galaxien gab und natürlich schon lange, bevor die Erde existierte. Damals war die CMB noch energiereicher; sie wurde auch damals schon von der Planck-Funktion beschrieben, aber mit einer sehr viel höheren Temperatur. Während sie auf dem Weg zu uns war, expandierte das Universum, die Wellenlängen dehnten sich, und die Strahlung kühlte ab. Heute sehen wir das Restlicht des Urknalls von vor 13,8 Milliarden Jahren – ganz ähnlich, wie wir das Licht der Supernova eines Sterns sehen, der gar nicht mehr existiert. Doch im Gegensatz zu einer Supernova kommt die CMB aus allen Himmelsrichtungen zu uns.

Kurz zusammengefasst lässt sich sagen: Zu Beginn der Entwicklungsgeschichte unseres Universums war die CMB noch extrem heiß und die dominante Form von Energiedichte. Sich damals im Universum aufzuhalten war ungefähr so, als befände man sich in einem unvorstellbar heißen und riesig großen Töpferofen. Heute ist die CMB infolge der Expansion nur noch ein kühles, schwaches Nachglühen mit einer fast vernachlässigbaren Wirkung auf das jetzige Universum. Als das Universum expandierte und die CMB verblasste, wurde Materie zur dominierenden Form von Energiedichte, was zu einer Reihe neuer Phänomene führte. Am wichtigsten ist, dass sich dadurch Strukturen bilden konnten. Bevor wir die Teile des Puzzles zusammensetzen können, müssen wir etwas näher auf Materie eingehen.

Materie und Dunkle Materie

Alle Materie, mit der wir direkte Erfahrungen haben, besteht aus Protonen, Neutronen und Elektronen. Dies sind die Bausteine, aus denen Atome zusammengesetzt sind. Atome interagieren miteinander, und zwar sowohl über die Schwerkraft als auch über den Austausch von Photonen, das heißt, durch Licht unterschiedlicher Wellenlängen. Es gibt zwar noch andere Elementarteilchen und andere Wechselwirkungen, von denen aber die meisten in unserem Alltag keine Rolle spielen.

Bevor wir uns mit Dunkler Materie beschäftigen, wollen wir die bekannten Teilchen und Atome rekapitulieren, die für die Kosmologie am relevantesten sind. Das einfachste Atom ist Wasserstoff. Es besteht aus einem positiv geladenen Proton im Atomkern, das in einem Abstand von etwa 1 Zehntausendstel Mikrometer von einem negativ geladenen Elektron umkreist wird. Das Proton ist zweitausendmal so schwer wie das Elektron. Wenn der Wasserstoff sich in einer Hochtemperaturumgebung befindet, kann das Elektron durch energiereiche Photonen aus seiner Umlaufbahn gerissen werden, sodass dann sowohl das Proton als auch das Elektron frei sind. Der Wasserstoff wird dann als ionisiert bezeichnet. Das nächsteinfachere Atom ist Deuterium, das ebenfalls nur ein Elektron hat, aber sein Kern hat außer einem Proton auch ein Neutron. Ein Neutron hat ungefähr die gleiche Masse wie ein Proton, ist aber neutral. Da Deuterium die gleiche Anzahl von Protonen hat, wird es als Isotop des Wasserstoffs betrachtet und oft als »schwerer Wasserstoff« bezeichnet.[16] Das nächste vertraute Atom mit höherer Masse und das nächste Atom im Periodensystem der Elemente ist Helium. Es hat zwei Protonen und zwei Neutronen in seinem Atomkern, die von zwei Elektronen umkreist werden.

Auch alle anderen chemischen Elemente bilden sich aus diesen Grundbausteinen, worauf wir später noch näher eingehen werden. Wenn wir mit einem Teleskop in den Nachthimmel schauen, können wir feststellen, dass das Licht weit entfernter Galaxien von einigen der gleichen Atome kommt, wie sie auch auf der Erde zu finden sind; und zwar nicht nur aus den einfachen, die im vorigen Absatz erwähnt wurden, sondern darüber hinaus aus einer Vielzahl komplexerer Atome und Moleküle. Diese fernen Galaxien bestehen aus der gleichen Materie wie wir. Diese einfache Beobachtung deutet auf einen gemeinsamen Ursprung hin.

In der Kosmologie ist ein weiteres fundamentales Elementarteilchen von besonderer Bedeutung: das Neutrino. Wie der Name schon sagt, ist es neutral, wie das Neutron. Neutrinos interagieren mit so gut wie gar nichts. Sie entstehen, wenn Atomkerne zerfallen oder miteinander interagieren. Zum Beispiel zerfällt ein freies Neutron im Durchschnitt in etwas mehr als zehn Minuten in ein Proton, ein Elektron und ein Neutrino.[17] Ein weiteres Beispiel: Die Kernfusionsreaktionen, die der Sonne ihre Energie liefern (und das Leben auf der Erde erhalten), erzeugen etwa 100 Milliarden Neutrinos, welche pro Sekunde durch unseren Fingernagel hindurchrasen. Für diese Teilchen sind wir wie ein Sieb – sie passieren sogar die Erde selbst.

Da sie so wenig interagieren, sind Neutrinos besonders schwierig zu erforschen. Wir wissen, dass es drei Arten von

Neutrinos gibt, aber von keiner kennen wir ihre Masse – wir kennen nur den Unterschied zwischen den Massen der verschiedenen Neutrinoarten. In verschiedenen Weltregionen laufen mehrere Experimente, um ihre Eigenschaften zu erforschen. Infolge der nuklearen Interaktionen im frühen Universum sollte es heute im gesamten Universum etwa 300 Neutrinos pro Kubikzentimeter geben, die mit ein paar Prozent der Lichtgeschwindigkeit durchs Weltall rasen. Das bedeutet, dass pro Sekunde etwa ebenso viele Neutrinos aus dem frühen Universum jeden Ihrer Fingernägel durchdringen wie Neutrinos, die von der Sonne kommen. Obwohl fast so viele Neutrinos aus primordialer Zeit existieren wie CMB-Photonen, konnten sie bisher noch nicht nachgewiesen werden.

Das frühe Universum ist einfach. Etwa ab dem Zeitpunkt, als Protonen und Neutronen aus dem Quark-Gluon-Plasma entstanden, bis sich etwa 200 Millionen Jahre nach dem Urknall die ersten Sterne bildeten, sind die wichtigsten Formen von bekannter Materie das Proton, das Neutron, das Elektron und das Neutrino sowie deren Antiteilchen. Im Hinblick auf die Materie im Universum wird die kosmische Evolution dadurch bestimmt, wie diese vier Teilchen untereinander, mit den CMB-Photonen und mit der Schwerkraft der Dunklen Materie in einem stetig sich abkühlenden Universum interagieren.

Dunkle Materie

Wenn Sie in den Nachthimmel hinaufschauen und beobachten, dass ein weit entfernter Stern in einer bestimmten Periode eine Kreisbahn mit einem Durchmesser von beispielsweise zwei Vollmonden (1 Grad) durchläuft, würden Sie daraus sofort schließen, dass er sich auf einer Umlaufbahn um ein anderes Objekt befinden muss. Denn damit ein Objekt sich auf einer Kreisbahn bewegen kann, muss es eine Kraft geben, die auf es einwirkt.[18] Im Kosmos ist das die Schwerkraft. Vielleicht würden Sie dann mit Ihrem Teleskop nach dem Begleiter suchen, da Sie wissen, dass irgendein Objekt eine gravitationsbedingte Anziehung auf den Stern ausüben muss. Es muss also eine gewisse Menge an »fehlender Materie« geben – vielleicht ein Schwarzes Loch oder einen lichtschwachen Stern, den Sie zunächst nicht bemerkt haben.

Seit vielen Jahrzehnten haben Astronomen immer wieder ähnliche Szenarien wie dieses beobachtet (wenn auch mit wesentlich ausgefeilteren Verfahren), in verschiedenen Systemen und mit weniger offensichtlichen Geometrien. Im kosmologischen Kontext wurde die Existenz von fehlender Materie erstmals 1933 von Fritz Zwicky vorgeschlagen, aufgrund von Beobachtungen des Coma-Galaxienhaufens. Andere Wissenschaftler erweiterten seine Erkenntnisse. Besonders erwähnenswert sind Beobachtungen der Umlaufgeschwindigkeiten von Sternen und Sternentstehungsgebieten sowie diffusem Wasserstoffgas in der Andromedagalaxie, die ein hervorragendes Versuchslabor darstellt, da sie nicht weit entfernt und relativ gut zu erkennen ist (siehe Seite 22, Abbildung 1.2). Im Jahr 1970 wiesen Vera Rubin und Kent Ford nach, dass die Geschwindigkeiten der von ihnen beobachteten Sterne mit früheren Messungen der Geschwindigkeiten von diffusem Wasserstoffgas übereinstimmten. Später entwickelte Modelle der Bahnen der beobachteten Sterne und des Gases in der Andromedagalaxie zeigten, dass es, um die gemessenen Geschwindigkeitsprofile zu erklären, zusätzliche Materie geben muss, die weder in leuchtenden Sternen noch in diffusem Gas enthalten war. Generell hat eine ganze Reihe von Astronomen festgestellt, dass es unabhängig von der Größe des Systems, angefangen bei unserer nahen Galaxie bis hin zu weit entfernten Galaxien und Galaxiengruppen, nicht genug beobachtbare Materie gibt, um die Bewegungen von Sternen und Galaxien zu erklären.

Die Menge der fehlenden Materie ist nicht klein, und ihre Wirkung ist keineswegs unauffällig. Beobachtungen ergaben, dass es über fünfmal so viel fehlende Materie geben muss wie beobachtbare Materie. Am besten lässt sie sich durch Messungen der räumlichen Variationen in der CMB erfassen, auf die wir in Kapitel 3 näher eingehen werden. Zunächst wollen wir uns aber auf die Eigenschaften der fehlenden Materie konzentrieren, die unabhängig von der CMB sind.

An dem gedanklichen Weg von der Unmöglichkeit, die fehlende Materie zu finden, bis hin zu der Schlussfolgerung, dass es eine neue Form von unsichtbarer Materie oder Dunkler Materie geben muss, waren Tausende von Wissenschaftlern beteiligt, die verschiedene Konzepte verfolgten. Zum Teil wurde die fehlende Materie durch Ausschließen charakterisiert: Wir wissen, was sie *nicht* ist. Wir wissen, dass es sich nicht um eine Ansammlung von Planeten – so etwas wie mehrere »Jupiter« – handeln kann, die vielleicht einfach nur zu schwach leuchten, als dass wir sie beobachten könnten. Wir wissen, dass sie nicht aus Atomen bestehen kann – wie zum Beispiel Wasserstoff – und dass sie nicht so beschaffen sein kann wie die Art von Materie, aus der wir selbst geschaffen sind. Wir wissen, dass sie nicht aus der Art von Schwarzen Löchern bestehen kann, wie wir sie bislang erforscht haben. Wir wissen, dass sie aus keiner der drei Arten von Neutrinos bestehen kann, obwohl es fast so viele Neutrinos wie CMB-Photonen im Universum gibt.

Eine These besagt, dass die fehlende Materie aus einer neuen Art von Elementarteilchen bestehen könnte, doch es kann sich ebenso gut um eine neue Teilchenfamilie, mehrere Teilchenfamilien oder eine Kombination verschiedener Teilchenarten handeln. Generell nennen wir die Gesamtheit dieser Möglichkeiten »Dunkle Materie«. Falls es sich bei Dunkler Materie tatsächlich um Teilchen handeln sollte, wissen wir nicht, wie sie mit anderen Teilchen interagieren – oder auch mit sich selbst, wenn zwei Dunkle-Materie-Teilchen kollidieren. Wir wissen, dass sie nicht in nennenswertem Maße mit Photonen interagiert, was der Grund dafür ist, dass sie »dunkel« genannt wird. Aus Beobachtungen wissen wir lediglich, dass Dunkle Materie gravitativ interagiert. Ihre Beschaffenheit ist ein großes Rätsel, aber es ist klar, dass Dunkle Materie in riesigen Mengen existiert und es sich daher nicht um eine der Formen von Materie handeln kann, die uns schon im Labor begegnet sind.

Eine der überzeugendsten astronomischen Beobachtungen, welche die Notwendigkeit Dunkler Materie belegen, ist das Bullet-Cluster (der »Geschoss-Galaxienhaufen«), welches in Tafel 6 (siehe Bildteil) abgebildet ist. Eigentlich zeigt das Bild zwei Galaxienhaufen, die kollidiert sind und sich gegenseitig durchdrungen haben. Wie die rosafarbene Form auf der rechten Seite erkennen lässt, bildet dieser Haufen das »Geschoss«. Bevor die beiden Galaxienhaufen kollidierten, enthielten sie eine einigermaßen gleichförmige Mischung aus normaler Materie in Form von diffusem heißem Gas, von Sternen in verschiedenen Galaxien sowie Dunkle Materie. In beiden Haufen war die Masse des heißen Gases insgesamt deutlich größer als die Masse aller Sterne, aus denen die Galaxien bestanden, und die Masse der Dunklen Materie war wiederum deutlich größer als die Masse des heißen Gases in dem System. Als die Galaxienhaufen kollidierten, passierten die Galaxien und die Dunkle Materie einander fast unversehrt, aber das Gas interagierte. Man kann es sich so vorstellen: Wenn Sie mit beiden Händen jeweils möglichst viele Kieselsteine greifen und sie mit ausgestreckten Armen so aufeinanderzuwerfen, dass ihre Flugbahnen sich ein Stück vor Ihrem Oberkörper kreuzen, werden die meisten Kieselsteine nicht kollidieren. Die Kieselsteine sind wie die Galaxien und Dunkle Materie. Würden Sie stattdessen zwei Gartenschläuche auf denselben Punkt vor Ihrem Oberkörper richten, würden die zwei Wasserstrahlen aus den Schläuchen kollidieren und interagieren. Das Wasser verhält sich eher wie ein heißes Gas.

Das Gas in Galaxienhaufen hat eine Temperatur von etwa 10 Millionen Kelvin. Es ist so heiß, dass es Röntgenstrahlen emittiert, die von dem Chandra X-ray Observatory, einem Röntgenobservatorium der NASA, erfasst werden. In Tafel 6 (siehe Bildteil) ist das heiße Gas rosafarben dargestellt. Das bedeutet: Das Rosa zeigt uns, wo sich der Großteil der normalen Materie befindet. Das Blau zeigt dagegen die Region, wo in erster Linie Dunkle Materie, aber auch die Galaxien zu finden sind. Um zu verstehen, woher wir wissen, dass es diese Dunkle Materie überhaupt gibt, müssen wir einen kleinen Exkurs machen und darüber sprechen, wie Licht gebeugt wird.

Wir wollen noch einmal zu unserem Konzept vom Raum zurückkehren. Er kann nicht nur expandieren, sondern auch verdreht oder gekrümmt werden. Wenn Licht von einem weit entfernten Stern auf einer Bahn zu uns reist, die nahe an der Sonne vorbeiführt, wird es stets ein wenig abgelenkt. Diesen Effekt können wir uns als die gravitationsbedingte Anziehungskraft der Sonne auf das Licht vorstellen. Eine bessere Art, sich das vorzustellen, ist jedoch, dass der Raum um die Sonne herum gekrümmt ist und das Licht des fernen Sterns auf seinem Weg zu uns den einfachsten Weg nimmt.[19] Abbildung 2.2 zeigt eine Möglichkeit, sich das vor Augen zu führen. Die Beugung von Lichtstrahlen durch das Gravitationsfeld einer großen Masse ist direkt vergleichbar mit der Beugung von Licht durch das Objektiv einer Kamera. Daher wird dieses Phänomen als Gravitationslinseneffekt bezeichnet. Aus dem Grad der Beugung lässt sich ermitteln, wie groß die Masse ist.

Jetzt können wir die blauen Bereiche in Tafel 6 (siehe Bildteil) verstehen. Entfernte Galaxien weit hinter dem Bullet-Cluster wurden durch das Bullet-Cluster hindurch beobachtet. Aus dem Grad der Verzerrung des Lichts von diesen entfernten Galaxien wurden der effektive Linseneffekt und die Verteilung von Masse im Bullet-Cluster ermittelt. Das Bild zeigt, dass der größte Teil der Masse in zwei getrennten Regionen zu finden ist. Das wesentliche Merkmal des Bildes ist, dass die Dunkle Materie klar von der normalen Materie

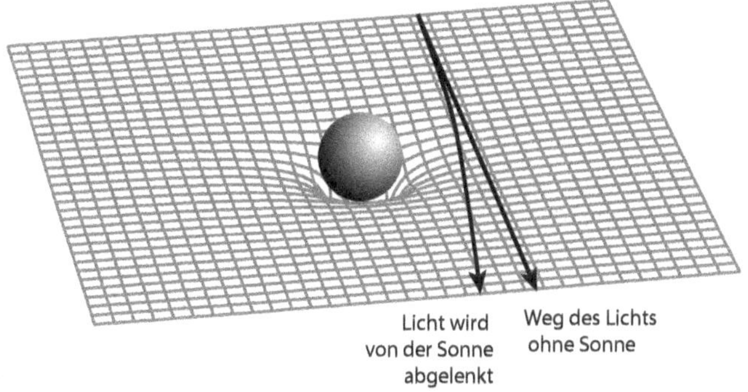

Abbildung 2.2 Ein Beispiel dafür, wie Licht in einem gekrümmten zweidimensionalen Raum gebeugt wird. In der Mitte der Grafik ist die Sonne als Kugel dargestellt. Sie krümmt den Raum wie eine Bowlingkugel, die auf einem großen, dehnbaren Gummituch liegt. Der Weg des Lichts an der Sonne vorbei ist vergleichbar mit der Bahn einer kleinen Murmel, die angestoßen wird und schnell an der Bowlingkugel vorbeirollt. Diese Bahn folgt der Fläche des zweidimensionalen Gummituchs und wird in Richtung der Bowlingkugel gebogen, fort von einer Geraden. Die Murmel rollt entlang des einfachsten Weges. Entsprechend folgt auch in drei Dimensionen ein Lichtstrahl, der die Sonne passiert, dem einfachsten Weg. Seine Bahn wird durch die Krümmung des dreidimensionalen Raums gebeugt – oder, anders ausgedrückt: durch die Schwerkraft. In der Grafik ist die Ablenkung des Lichtstrahls stark übertrieben dargestellt.

getrennt ist. Das heiße diffuse Gas interagierte während der Kollision und blieb zurück.

Die Suche nach Dunkler Materie ist ein sehr aktiver Forschungsbereich der Physik. In mehreren Experimenten wird versucht, sie direkt zu ermitteln. In manchen davon wird versucht, eine direkte Kollision eines Dunkle-Materie-Teilchens mit einem Zielatom aus Germanium, Argon oder Xenon zu ermitteln. Solche Experimente werden häufig tief unter der Erde durchgeführt, um die Zielatome von anderen bekannten Teilchen abzuschirmen, welche die Erde weniger leicht durchdringen können. Andere Experimente verfolgen ganz andere Ansätze, um nach verschiedenen Arten von Interaktionen und unterschiedlichen Formen von Dunkler Materie zu suchen. Es hat Hinweise auf mögliche Entdeckungen sowie Berichte über erfolgte Nachweise gegeben, die jedoch einer genaueren Untersuchung nicht standhielten. Bis 2019 ist noch keine hieb- und stichfest nachgewiesene direkte Entdeckung gelungen. Wir hoffen, dass Dunkle-Materie-Teilchen mithilfe des Large Hadron Colliders detektiert werden können.

Neue Elementarteilchen wurden zumeist in Teilchenbeschleunigern entdeckt, die Vorgänger des Large Hadron Collider waren. Es gibt ein sehr erfolgreiches »Standardmodell der Teilchenphysik«, das 17 Arten von grundlegenden Elementarteilchen beschreibt, darunter die Quarks, aus denen Protonen und Neutronen bestehen, Elektronen und Neutrinos und seit Kurzem auch das Higgs-Boson. Obwohl dieses Standardmodell der Teilchenphysik umfassend, vorhersagbar und gut erprobt ist, wissen wir, dass es unvollständig ist, da es Messergebnisse von Elementarteilchen gibt, die es nicht erklären kann, wie zum Beispiel die Masse von Neutrinos. Wir hoffen, dass die Entdeckung und Charakterisierung von dunkler Materie im Labor uns zeigen wird, wie wir unser Modell der Teilchenphysik weiterentwickeln können.

Kann es sein, dass es überhaupt keine Dunkle-Materie-Teilchen gibt und dass unsere Gesetze der Physik unvollständig sind? Es wurde viel geforscht, um herauszufinden, inwiefern die allgemeine Relativitätstheorie bei großen Dimensionen falsch sein könnte, dass es also in Wirklichkeit gar keine fehlende Materie gäbe und statt ihrer eine neue Kraft die experimentellen Ergebnisse erklären könnte. Solche neuen Theorien werden in der Regel unter der Bezeichnung MOdifizierte Newtonsche Dynamik, abgekürzt »MOND«, zusammengefasst. Glücklicherweise liefert die MOND Prognosen, die überprüft werden können, und einige dieser Prognosen stimmen nicht mit den empirisch gewonnenen Beobachtungen überein. Dagegen hat es bislang noch keine experimentellen Ergebnisse gegeben, die der allgemeinen Relativitätstheorie widersprochen hätten. Daher haben die weitaus meisten Kosmologen Vorbehalte gegen die MOND. Natürlich kann es durchaus sein, dass es andere physikalische Gesetze oder Kräfte gibt, die wir bislang einfach noch nicht entdeckt haben.

Die kosmologische Konstante

Weiter oben wurde ein Näherungswert für die aktuelle Expansionsrate des Universums angegeben: 24 Kilometer pro

Sekunde pro Million Lichtjahre Entfernung. Anders ausgedrückt: Eine 10 Millionen Lichtjahre entfernte Galaxie scheint sich mit einer Geschwindigkeit von 240 Kilometern pro Sekunde von uns fortzubewegen. In den späten 1990er-Jahren wurde erkannt, dass die Expansionsrate zunimmt. Mit anderen Worten: Die Expansion des Universums beschleunigt sich. In einer Milliarde Jahren wird dieselbe Galaxie sich mit 250 Kilometern pro Sekunde von uns fortbewegen; vor einer Milliarde Jahre entfernte sie sich mit 230 Kilometern pro Sekunde.[20]

Diese bemerkenswerte Erkenntnis wurde von zwei unabhängigen Forscherteams gewonnen, dem Supernovae Cosmology Project und dem High-Z Supernovae Search Team, und von anderen wurde sie bestätigt. Wie diese Namen schon andeuten, nutzten sie Supernovae, um in eine Zeit zurückzuschauen, als das Universum erst wenige Milliarden Jahre alt war. Der Trick bestand darin, Objekte zu finden, deren Entfernungen und Geschwindigkeiten sie exakt bestimmen konnten und die damalige Expansionsrate mit der heutigen zu vergleichen.

Eine Möglichkeit, diese Beobachtung zu interpretieren, wäre, dass mit zunehmender Geschwindigkeit Raum geschaffen wird. Das Konzept von einem »expandierenden Raum« ist nicht nur eine praktische Art, sich die Expansion des Universums vorzustellen, sondern inzwischen kommen wir auch kaum noch daran vorbei, sie so zu betrachten. In einem statischen Weltraum wäre es denkbar, dass zwei Galaxien sich mit nahezu gleichbleibender Geschwindigkeit, die sich nur aufgrund ihrer Anziehungskraft leicht verlangsamt, voneinander entfernen, aber wir könnten uns nicht vorstellen, wie sie sich mit zunehmender Geschwindigkeit voneinander entfernen können sollten. Beschleunigung erfordert eine Kraft, und in einem statischen Raum wäre die einzige verfügbare Kraft die Schwerkraft, die – wenn sie überhaupt etwas bewirkte – die Expansion eher verlangsamen würde.

Die Frage ist also: Warum wird Raum in einer sich beschleunigenden Geschwindigkeit geschaffen? Wir wissen es nicht. Doch es bedeutet, dass der Raum – das Vakuum – mit einer Energiedichte assoziiert zu sein scheint. Diese Energiedichte wirkt wie ein Druck, der das Universum expandiert oder, etwas prosaischer ausgedrückt, »Raum expandiert«. Die Energiedichte wird als eine kosmologische Konstante quantifiziert, die mit dem griechischen Buchstaben Lambda, Λ, bezeichnet wird. Sie ist eine neue Naturkonstante, die in Wirklichkeit unter Umständen nicht einmal konstant sein mag.

Einstein führte Λ im Jahr 1917 ein, also vor Hubbles Beobachtungen. Einstein dachte, dass das Universum statisch sei – also nicht expandiert, wie Hubbles Beobachtungen es später zeigten. Um Einsteins Motivation zu verstehen, stellen wir uns zwei isolierte Galaxien im Universum vor. Sie werden durch die Schwerkraft zueinander hingezogen und würden aufeinanderzufallen, wenn nicht die kosmologische Konstante eine neue Art von Druck ausüben würde, welcher die Anziehungskraft zwischen ihnen ausgleicht und sie an Ort und Stelle hält. Im weiteren Sinne würde das auch für ein Universum voller Galaxien gelten. Doch nach Hubbles Beobachtung verwarf Einstein Λ. Heute wissen wir, dass dieser Druck existiert und einen noch größeren Wert hat, als Einstein für notwendig hielt.

Für die sich beschleunigende Expansion gibt es andere Erklärungen als die kosmologische Konstante. In der Regel postulieren sie eine Form von »Dunkler Energie«, die nicht konstant ist. Solche Alternativen liefern Prognosen hinsichtlich Beschleunigung und Alter des Universums. Derzeit sind Messungen in Arbeit, um diese Vorhersagen zu verifizieren. Zum Beispiel wissen wir nicht, ob Dunkle Energie eine Substanz ist oder ob sie im gesamten Raum konstant ist. Vielleicht fehlt uns ein grundlegender Baustein in einer unserer Theorien. Nach unserem aktuellen Kenntnisstand ist die einfachste Erklärung, die zu allen empirisch gewonnenen Daten passt, dass Raum durch eine kosmologische Konstante beschrieben wird, die in Raum und Zeit konstant ist. Machen wir uns also diese Sicht der Dinge zu eigen.

Die bloße Existenz der kosmologischen Konstante ist profund. Sie ist kein Bestandteil einer grundlegenden Theorie der Physik. Sie hat keinen Einfluss auf das Leben oder die physikalischen Abläufe auf der Erde. Es wurde noch kein Laborexperiment entwickelt, mit dem sie gemessen werden könnte. Es handelt sich um eine Konstante, die es uns ermöglicht, die Expansion des Kosmos zu quantifizieren und die dadurch impliziert, dass es eine mit Raum assoziierte Energiedichte oder einen Energiedruck gibt.

Was bedeutet das für die Zukunft? Wir werden die in der Einleitung zum Ausdruck gebrachten Vorbehalte beiseitelassen und extrapolieren. Wenn Sie im Auto auf der Autobahn unterwegs sind und stetig beschleunigen, wird das natürlich dazu führen, dass sie immer schneller und schneller fahren. Ähnlich verhält es sich mit dem Universum, aber extremer als bei konstanter Beschleunigung auf der Autobahn. Im Universum wächst der Raum zwischen den Galaxien exponentiell. Galaxien, die jetzt weit voneinander entfernt sind, werden sich bald scheinbar schneller als mit Lichtgeschwindigkeit voneinander entfernen. Hier ist ein Beispiel, an dem einige der Analogien, die wir gelegentlich heranziehen, um das expandierende Universum zu beschreiben, scheitern: Es ist physisch unmöglich, dass ein Gummituch sich auf diese Weise ausdehnt. Es gibt einfach keine materiellen Objekte, die sich wie das expandierende Universum verhalten können.

Es besteht kein Widerspruch zwischen der sich beschleunigenden Expansion und der speziellen Relativitätstheorie, die lediglich besagt, dass Informationen und Masseteilchen nicht schneller als mit Lichtgeschwindigkeit von einem Ort zum anderen übertragen werden können. Für die Galaxien dehnt sich der Raum in ihrer kosmischen Umgebung einfach mit exponentiell steigender Geschwindigkeit aus. Keine Information wird schneller als Licht übertragen. Aus der Sicht eines Beobachters in der Milchstraße werden entfernte Galaxien, die wir heute noch sehen können, in Zukunft einfach unsichtbar werden. Wir wissen nicht, wie lange die exponentielle Expansion andauern wird.

Ziehen wir eine Zwischenbilanz. Wir wissen jetzt, woraus das Universum besteht. Das ist ein wichtiger Meilenstein. Wir müssen noch erklären, woher wir so genau wissen, wie der Kosmos sich zusammensetzt, aber dazu kommen wir in Kapitel 4. Fürs Erste können wir ein Tortendiagramm verwenden, um zusammenzufassen, was wir bis jetzt wissen. Heute liegt der Anteil von Atomen bei 5 Prozent, der von Dunkler Materie bei 25 Prozent und der Anteil der kosmologischen Konstante bei 70 Prozent. Auf Strahlung entfällt ein Anteil von weniger als 0,01 Prozent, der kaum eine Rolle spielt. Die entsprechenden Sektoren des Tortendiagramms ändern sich mit der fortschreitenden Evolution des Universums. Am Anfang dominierte Strahlung und die anderen Komponenten waren unbedeutend; dann dominierte Materie. Jetzt, in der gegenwärtigen Epoche, dominiert die kosmologische Konstante. In Zukunft wird die kosmologische Konstante allmählich immer stärker dominieren, und die Bedeutung von Atomen und Dunkler Materie wird schwinden.

Wir können diese Anteile zu der durchschnittlichen Energiedichte des Universums in Relation setzen. Die ganze Torte entspricht einer effektiven Massendichte von etwa fünfeinhalb Protonen (oder der entsprechenden Energie, die mit $E = mc^2$ berechnet wird) pro Kubikmeter Raum. Wir können davon ausgehen, dass anderthalb dieser Protonen die gesamte Materie darstellen (Dunkle Materie plus atomare Materie) und die anderen vier auf die kosmologische Konstante entfallen. Natürlich gibt es kein »halbes« Proton, aber für uns stellt dieses Konstrukt einfach eine bestimmte Menge an Masse dar. Jetzt ziehen wir imaginäre Wände um diesen Kubikmeter herum und lassen das Universum um den Faktor zwei expandieren. Das Volumen innerhalb der Wände vergrößert sich dabei um den Faktor acht. Die Masse innerhalb der Wände bleibt gleich, sodass ihre durchschnittliche Dichte auf etwa ein Fünftel eines Protons pro Kubikmeter sinkt. Aber was passiert mit der effektiven Massendichte, welche die kosmologische Konstante darstellt? Sie bleibt unverändert bei vier effektiven Protonen pro Kubikmeter! Es ist wirklich so, als hätte das Vakuum eine Energiedichte, weshalb wir es als eine der Komponenten im Tortendiagramm mit berücksichtigen. Und jetzt können wir auch erklären, warum das kosmische Tortendiagramm allmählich immer mehr von der kosmologischen Konstante dominiert wird: Nach einer Expansion um den Faktor zwei im Verhältnis zur Gegenwart beträgt der Anteil der gesamten Materie an der Torte 5 Prozent und jener der kosmologischen Konstante 95 Prozent.

Wenn wir die Zusammensetzung des Universums und die Hubble-Konstante in der Gegenwart kennen, können wir die Kompaktheit (und Temperatur) des Universums im Verlauf der Geschichte des Kosmos bestimmen. Das Ergebnis folgt aus einer Lösung der »Friedmann-Gleichung«, die Alexander Friedmann 1922 aus der allgemeinen Relativitätstheorie ableitete. Die unabhängigen Variablen der Gleichung sind die Materiedichte, die Strahlungsdichte und die Energiedichte in Verbindung mit der kosmologischen Konstante; daraus ergibt sich der Hubble-Parameter in Abhängigkeit von der kosmischen Zeit mit dem heutigen Wert als Referenzpunkt. Abbildung 1.5 (siehe Seite 42) zeigt die Lösung der Friedmann-Gleichung für eine Galaxie, die heute 110 Millionen Lichtjahre von der Erde entfernt ist. Sie sehen, dass die Fluchtgeschwindigkeit der Galaxie zwei Milliarden Jahre nach dem Urknall höher war als heute, sich dann aufgrund ihrer Anziehungskraft auf andere Materie fast sechs Milliarden Jahre lang verlangsamte und heute aufgrund der Wirkung der kosmologischen Konstante wieder steigt.

In der Lage zu sein, zu dieser Lösung zu kommen, ist schon eine ziemliche Leistung. Doch unser Wissen über das

Universum ist wesentlich umfassender und das kosmologische Modell ist tief greifender, als dass wir einfach nur die Kompaktheit des Universums für alle Epochen seiner Entwicklungsgeschichte in Erfahrung gebracht hätten. Zum Beispiel können wir jetzt auch verstehen, warum das Universum so aussieht, wie es aussieht, wie wir im Folgenden zeigen wollen.

Strukturbildung und die Entwicklung des Universums

Jetzt wollen wir das Konzept von einem expandierenden Universum aus Kapitel 1 mit unserem Wissen über dessen wichtigsten Komponenten zusammenführen. In diesem Abschnitt wollen wir eine Vorstellung davon entwickeln, wie sich »Strukturen« bilden. Damit sind Objekte gemeint, die durch Schwerkraft zusammengehalten werden. Im Universum gibt es eine großartige Vielfalt an Objekten unterschiedlicher Typen, die in ihrer Größe vom einzelnen Stern über Galaxien bis hin zu Galaxienhaufen reichen. Wie Abbildung 1.2 (siehe Seite 22) und Tafel 4 (siehe Bildteil) andeuten, ist der Raum zwischen solchen Objekten unermesslich groß und kalt. Im Gegensatz dazu ist das frühe Universum eine nahezu homogene Ursuppe aus heißer Wärmestrahlung (CMB-Photonen), Elektronen, Protonen, Neutronen, Neutrinos und Dunkler Materie. Wie gelangte das Universum von diesem frühen Zustand in den jetzigen? Mit anderen Worten: Wie konnten sich Strukturen bilden, wie sind sie gewachsen? Obwohl wir noch nicht genau wissen, wie etwa eine Galaxie entsteht, haben Kosmologen ein Denkgerüst, das erklärt, wie so vielfältige Strukturen mit so unterschiedlichen Massen existieren konnten und wie der Prozess der Strukturbildung in Gang kam. Da es sich hierbei um ein Gebiet handelt, in dem aktiv geforscht wird, beschränken wir uns auf die anerkannten Hauptelemente des Prozesses, soweit sie die CMB und das Standardmodell der Kosmologie betreffen.

Wir steigen fünf Minuten nach dem Urknall wieder in die Geschichte ein. Zu diesem Zeitpunkt war das Universum knapp 1 Milliarde Kelvin heiß, expandierte drei Millionen Mal schneller als heute, und die kosmologische Konstante spielte noch keine Rolle, da ihre Energiedichte sehr viel geringer war als die von allem anderen. Die Eigenschaften von Materie bei dieser Temperatur – etwa 70-mal heißer als im Zentrum unserer Sonne – sind gut bekannt. Die atomare Materie im Universum bestand damals zu etwa 75 Prozent aus Wasserstoff und zu 25 Prozent aus Helium (nach Masse). Diese Anteile sind nahezu identisch mit denen von heute, und sie wurden schon in den ersten drei Minuten durch die Geschwindigkeit von Kernreaktionen zwischen Protonen, Neutronen und Neutrinos festgelegt. Auf dieses Thema werden wir später noch zurückkommen.

Ursprünglich bildeten diese primordialen Atomkerne zusammen mit Elektronen und Photonen ein Gas, das aber zu heiß war, als dass sich neutrale Atome hätten bilden können. Ein solches Gas ist als »Plasma« bekannt und wird manchmal als vierter Aggregatzustand von Materie bezeichnet, nach den festen, flüssigen und gasförmigen Erscheinungsformen. Im kosmologischen Plasma kamen auf jedes Elektron fast zwei Milliarden CMB-Photonen und auf jedes Proton etwas mehr als das Fünffache seiner Masse an Dunkle-Materie-Teilchen. Abgesehen von ihrer Rolle bei atomaren Reaktionen waren Neutrinos in dieser Epoche nicht direkt an der Bildung von Strukturen beteiligt, da sie kaum mit anderer Materie interagieren und sich sehr schnell bewegen.

Da wir jetzt die Zusammensetzung und den Zustand des Universums kennen, wollen wir uns dem physikalischen Prozess der Bildung von kosmischen Strukturen zuwenden. Lassen wir für einen Moment unser Konzept von einem expandierenden Universum beiseite. Stellen wir uns eine unendlich lange, eindimensionale Reihe von gleichmäßig verteilten und stationären Objekten vor, die alle die gleiche Masse haben. Diese Massen werden durch die Schwerkraft zueinander hingezogen. Nehmen wir an, dass die Schwerkraft die einzige Kraft ist, die auf sie wirkt. Diese Konstellation ist nicht stabil, da die Schwerkraft nur in Form von Anziehung wirkt. Wenn wir eine beliebige Masse nehmen und sie ein kleines bisschen nach rechts verschieben, ist sie dann näher an ihrem rechten Nachbarn als am linken. Da die Schwerkraft umgekehrt proportional zum Quadrat des Abstands steigt, ist die Anziehung nach rechts jetzt stärker als die ursprüngliche Anziehung nach links: Die Masse und ihr rechter Nachbar fallen aufeinander zu. Sobald sich einer der Abstände an einer beliebigen Stelle verändert, wird die gesamte Reihe instabil und die Massen beginnen zu verklumpen.

Der physikalische Prozess, welcher der Bildung kosmischer Strukturen zugrunde liegt, ist die sogenannte Gravitationsinstabilität. Wir brauchen etwas, das den Prozess in Gang setzt, einen »Keim«, doch sobald er in Gang gekommen ist, kann ein zuvor uniform verteiltes Gas aus Dunkler Materie und Plasma Strukturen bilden. Die eindimensionale Reihe von Massen ist natürlich zu stark vereinfacht; im Gesamtbild müssen wir sämtliche Bestandteile eines schnell expandierenden Universums berücksichtigen. Sehen wir uns jetzt den Prozess der Strukturbildung etwas genauer an; auf die Entstehung ihrer Keime werden wir später in Abschnitt »Die Keime der Strukturbildung« näher eingehen.

Dabei finden mehrere Prozesse gleichzeitig statt. In einem dieser Prozesse wird das Verklumpen Dunkler Materie durch Strukturbildungskeime eingeleitet, doch in den ersten 50.000 Jahren expandierte das Universum zu schnell, als dass sich Strukturen hätten bilden können. In unserer eindimensionalen Analogie beginnen die Massen, aufeinander zu zu fallen, aber das Universum dehnt sich zu schnell aus, als dass sie verklumpen könnten. Während das geschieht, interagieren Elektronen und CMB-Photonen in einem anderen Prozess und streuen, indem sie ständig voneinander abprallen. Das ist ungefähr so, als würde man sich in einem dichten Nebel befinden, in dem das Licht durch Wasserdampf gestreut wird, sodass es in alle Richtungen gleich aussieht und man nicht weit sehen kann. Zugleich ziehen in einem dritten Prozess negativ geladene Elektronen positiv geladene Protonen (Wasserstoffkerne und Heliumkerne) an, ganz einfach weil entgegengesetzte Ladungen sich anziehen. Wir müssen uns klar machen, dass die CMB am effektivsten mit Elektronen interagiert, weil sie so viel weniger Masse haben als Protonen. Elektronen ziehen Protonen an, doch beide können sich nicht zu Atomen verbinden, weil es zu heiß ist: Die entstandenen Atome würden sofort ionisiert werden. Die Interaktionen bei den letzteren zwei Prozessen sind zusammen wesentlich stärker als die Schwerkraft, sodass das Plasma auch dann nicht verklumpen würde, wenn das Universum sich nicht so schnell ausdehnte. Die Elektronen und somit auch die Protonen werden durch ihre intensive Interaktion mit der Strahlung am Verklumpen gehindert. Auch hier finden alle drei Prozesse – Verklumpung, Streuung und Elektronenanziehung – gleichzeitig statt.

Während das Universum sich ausdehnt, wird die Strahlung kälter und die Expansionsrate nimmt ab. Schon wenig später als nach 50.000 Jahren, wenn die Energiedichte immer stärker von Materie dominiert wird, ist die Expansionsrate so weit zurückgegangen, dass Dunkle Materie zu verklumpen beginnt, doch es ist immer noch so heiß, dass Plasma nicht verklumpt. Die Interaktionen zwischen CMB und Elektronen sind stärker als die Kräfte der Gravitation.

Nach 400.000 Jahren kühlt das Universum so weit ab, dass sich Wasserstoff-Atome bilden können. In relativ kurzer Zeit binden sich Elektronen an Protonen. Solange ein Elektron frei ist, kann es mit Strahlung jeder Wellenlänge interagieren, aber sobald es gebunden ist, sind seine Interaktionen eingeschränkt, weil es den Regeln der Atomphysik unterliegt. Kurz nachdem die Bindung stattgefunden hat, streuen die Elektronen die CMB nicht mehr; die oben erwähnten Prozesse zwei und drei enden. Ohne Photonenstreuung kann der Wasserstoff beginnen zu verklumpen. (Beim Helium läuft ein ähnlicher Prozess ab, allerdings etwas früher.) Zusammenballungen von Masse gibt es bereits, weil sich Klumpen Dunkler Materie gebildet haben, seit das Universum 50.000 Jahre alt war. Die Atome fallen in die Struktur der Dunklen Materie.

Der Masseunterschied zwischen den Ansammlungen von Dunkler Materie in verschiedenen Regionen des Universums ist sehr gering. Eine Region kann vielleicht einige

Hunderttausendstel mehr Masse enthalten als eine andere, was der Spitze Ihres kleinen Fingers im Vergleich zu Ihrer gesamten Körpermasse entspricht. Aber mehr braucht es nicht, um das Verklumpen von Atomen in Gang zu setzen.

Der Zeitpunkt, an dem sich Wasserstoffatome bilden, wird als »Entkopplung« bezeichnet, weil die Photonen der CMB sich von den Elektronen, die in Atomen gebunden sind, abkoppeln, also nicht mehr mit ihnen interagieren. Daraufhin können diese Photonen sich frei im Universum bewegen – ungefähr so, als ob der Nebel sich gelichtet hätte und Licht von einer weit entfernten Küste einen nun erreichen kann. In einer annehmbaren Näherung wurden die Photonen, die auf unseren Detektoren landen, zuletzt bei diesem Vorgang gestreut und haben seither den Radius des beobachtbaren Universums durchquert, bis sie bei uns eingetroffen sind. Das heißt, dass sie uns ein Bild des Universums liefern, wie es vor 13,8 Milliarden Jahren (minus 400.000 Jahren) war – ganz ähnlich wie das Licht einer fernen Galaxie uns ein Bild dieser Galaxie aus ihrer Jugend zeigt. Der wichtigste Unterschied ist, dass die CMB aus einer Zeit stammt, bevor es Sterne und Galaxien gab, aus einer Zeit, in der Materie gerade begann, Strukturen zu bilden. Aus diesem Grund wird die CMB manchmal als »Babybild des Universums« bezeichnet.

Nach der Entkopplung ist das Universum neutral und tritt in eine Periode ein, die manchmal scherzhaft als »Dunkles Zeitalter« bezeichnet wird (siehe Bildteil, Tafel 5), weil es keine leuchtenden Sterne gab und die CMB durch die Expansion so weit abgekühlt war, dass sie keine Strahlung im sichtbaren Spektrum mehr emittierte. In dieser Zeit setzten die Atome ihr Zusammenfallen in Konzentrationen von Dunkler Materie fort. Die durch Gravitationsinstabilitäten ausgelösten Verklumpungen spielten sich in allen Größenordnungen ab, vom einzelnen Stern bis hin zu riesigen Filamenten, fadenförmigen Verbindungen aus sichtbarer und Dunkler Materie, die unzählige Protogalaxien enthielten. Doch die ersten Objekte, die sich bildeten, waren Sterne. Sie brachten Licht ins Universum und beendeten das Dunkle Zeitalter.

Die Entstehung der ersten Sterne fand etwa 200 Millionen Jahre nach dem Urknall statt. Die Sterne der ersten Generation bestanden aus Wasserstoff und Helium, doch in ihren Kernen entstanden durch Kernfusion schwerere Elemente wie Kohlenstoff, Stickstoff und Sauerstoff. Diese Sterne alterten und explodierten in Supernovae, wobei sie die schweren Elemente ins ganze Universum hinausschleuderten. Unsere Körper bestehen aus diesen schwereren Elementen. Die Suche nach Überresten und Spuren dieser Sterne dauert an; einige sind vielleicht sogar zu Schwarzen Löchern geworden. Trotzdem wissen wir, dass sie existiert haben müssen, weil wir ihre Überbleibsel sehen. Jüngere Sterne, etwa unsere Sonne,[21] enthalten an ihrer Oberfläche

Elemente, die schwerer sind als Helium, und diese Elemente können nicht vor der ersten Generation von Sternen in den Mengen entstanden sein, die wir jetzt beobachten. Wie Joni Mitchell 1969 in dem Song Woodstock sang: »We are stardust, billion-year-old carbon.« (»Wir sind Sternenstaub, Milliarden Jahre alter Kohlenstoff.«) Seit sie diesen Text schrieb, haben wir unser Wissen über das Universum enorm erweitert, aber »We are stardust, 13.6 billion-year-old carbon« klingt wohl nicht ganz so gut.

Wir wissen auch, dass die ersten Sterne genug Energie erzeugten, um Elektronen aus den Wasserstoffkernen (den Protonen) herauszureißen, indem sie diese mit energiereichen Photonen beschossen. Also nahm das Universum seine Anfänge als ionisiertes Plasma ohne Struktur, wurde nach der Entkopplung zu einem neutralen Gas aus Wasserstoff und Helium und wurde dann von den ersten Sternen reionisiert, und zwar überwiegend in einem Alter zwischen 500 Millionen und einer Milliarde Jahren. Doch zu dieser Zeit hatte das Universum sich schon so weit ausgedehnt und die CMB war so weit abgekühlt, dass sich die Bildung von Strukturen fortsetzen konnte. Dennoch hinterließ die Reionisierung ihre Spuren: Die neu frei gewordenen Elektronen streuten etwa 5 bis 8 Prozent der CMB-Photonen – ein Effekt, der in der CMB beobachtet werden kann. Wie die Entstehung der ersten Sterne ist auch der Reionisierungsprozess kompliziert und noch nicht vollständig verstanden.

Er ist ein aktives Forschungsgebiet. Gleichwohl wissen wir, dass dieser Prozess stattgefunden hat, da wir sehen, dass der intergalaktische Raum auch heute noch ionisiert ist.

Während das Universum altert, erscheinen neue Sterne auf der Bildfläche, Galaxien entstehen und Galaxienhaufen bilden sich. Die größten Strukturen sind auch heute noch im Entstehen begriffen. Obwohl wir den Prozess der Strukturbildung sequenziell beschrieben haben, findet er ständig und parallel in allen Größenordnungen und unterschiedlichen Ausmaßen statt.

Dieses Modell der Strukturbildung und der Chronologie des Kosmos mag auf den ersten Blick ein wenig konstruiert erscheinen. Es ist schrecklich detailliert. Doch seine physikalischen Grundannahmen sind unkompliziert und haben sich bewährt. Das Modell ist vorhersagbar und es gibt viele aktuell laufende Versuche, um seine Prognosen zu verifizieren. Das Bild, das wir gezeichnet haben, beruht auf Messdaten. Mit Teleskopen unterschiedlicher Bauart, die verschiedene Strukturen aus unterschiedlichen Epochen registrieren, wird der Prozess vermessen. Falls die Schwerkraft anders wirken sollte, als wir vermuten, falls die kosmologische Konstante nicht konstant sein sollte, falls wir ein falsches Verhältnis zwischen Protonen und Dunkler Materie annehmen, falls ein neuer Prozess oder ein neues Elementarteilchen ins Spiel kommen sollte oder falls Neutrinos eine wichtige Rolle bei der Strukturbildung spielen, können wir die Auswirkungen durch fortgesetztes und detailliertes Vermessen des Wachstums kosmischer Strukturen im Lauf der Zeit erkennen. Einer der Gründe für das Vertrauen in dieses Modell ist, dass wir wissen, wie der Prozess begann. Das ist eine der Erkenntnisse, die wir aus der Anisotropie der CMB gewonnen haben – unser nächstes Thema.

KAPITEL 3

VERMESSUNG DER KOSMISCHEN MIKROWELLENHINTERGRUND-STRAHLUNG

Wir können die detaillierten Daten, die wir haben – die kosmischen Energiedichten im Lauf der Zeit, das Verhältnis von Wasserstoff zu Helium, die Epochen für verschiedene Prozesse –, deswegen erklären, weil diese Parameter sich in charakteristischer und messbarer Weise auf die CMB auswirken. Um zu verstehen, wie wir so viel erfahren können, konzentrieren wir uns jetzt auf die kleinen Temperaturunterschiede zwischen verschiedenen Positionen im Nachthimmel. Die Variation der Temperatur mit der räumlichen Position wird als Temperaturanisotropie bezeichnet. Das Wort »isotrop« bedeutet »eine physikalische Eigenschaft,

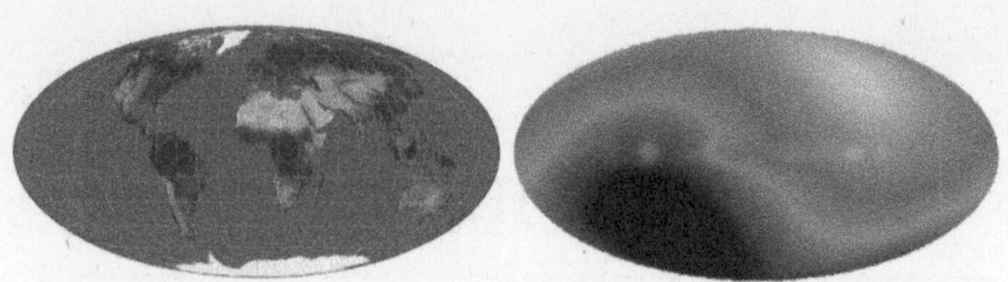

Abbildung 3.1 *Links*: Eine Karte der Erdoberfläche in Mollweide-Projektion. *Bildnachweis*: Daniel R. Strebe, 15. August 2011. *Rechts*: Eine Karte des CMB-Dipols in Mollweide-Projektion, erfasst von COBE/DMR bei einer Wellenlänge von 0,6 cm. Innerhalb unseres kosmischen Bezugsrahmens bewegt sich das Sonnensystem mit 0,1 Prozent der Lichtgeschwindigkeit von der dunklen Region links unten fort und auf die helle Region rechts oben zu. In diesem Temperaturbereich sind Teile der galaktischen Ebene der Milchstraße gerade noch sichtbar. Zum Beispiel ist das kreisförmige Gebilde links der Bildmitte die Cygnus-Region aus Tafel 3 (siehe Bildteil). Zwar nutzen beide Karten die Mollweide-Projektion, doch die relative Ausrichtung des Erdäquators am Himmel ist gegenüber der galaktischen Ebene um etwa 50 Grad geneigt, wie in Abbildung 1.1 (siehe Seite 20) zu sehen ist.

Bildnachweis: NASA/COBE Science Team.

die den gleichen Wert hat, wenn sie in verschiedenen Richtungen gemessen wird«. Und »anisotrop« bedeutet nicht isotrop. Die CMB ist nicht isotrop, aber die zwischen verschiedenen Himmelsregionen gemessenen Temperaturunterschiede sind winzig, typischerweise in der Größenordnung von 1 Zehntausendstel Kelvin oder 0,003 Prozent.

Die CMB-Anisotropie wurde mithilfe der WMAP-Raumsonde und des Planck-Weltraumteleskops über den gesamten Himmel mit großer Präzision vermessen. Die Karten basieren normalerweise auf einer Mollweide-Projektion, die einfach das Verfahren beschreibt, wie man etwas, das eigentlich eine kugelförmige Hülle ist – etwa die Erdoberfläche – auf einem flachen Blatt Papier darstellt. Abbildung 3.1 zeigt die Erde in einer Mollweide-Projektion. Der Äquator verläuft waagerecht entlang der Mitte der Karte, der Nordpol liegt oben und der Südpol unten.

Tafel 7 (siehe Bildteil) zeigt zwei Karten der CMB-Anisotropie; die obere wurde von der WMAP-Sonde erfasst, die untere vom Planck-Weltraumteleskop. Während die linke Karte in Abbildung 3.1 den Blick aus dem Weltraum auf die Erde zeigt, stellen die Bilder in Tafel 7 (siehe Bildteil) den Blick nach oben in den Himmel dar. Die Karten sind so orientiert, dass der Äquator jeweils mit der galaktischen Ebene der Milchstraße übereinstimmt.[22] Die Mitte der Karte entspricht dem Zentrum der Galaxie; der obere Teil ist der »galaktische Nordpol« und der untere der »galaktische Südpol«. Die von der WMAP-Sonde gelieferte Karte wurde bei einer Wellenlänge von 0,5 Zentimeter (5000 µm) erfasst; die vom Planck-Weltraumteleskop produzierte Karte bei einer Wellenlänge von 0,2 Zentimeter erfasst. Beide Satelliten haben Karten bei unterschiedlichen Wellenlängen erfasst; dies sind nur Beispielbilder. Generell haben die Karten des Planck-Weltraumteleskops eine höhere Auflösung als diejenigen der WMAP-Sonde, aber es ist bemerkenswert, wie ähnlich sich die Karten sind, sobald man sich vom galaktischen Äquator entfernt.

Weder die WMAP-Sonde noch das Planck-Weltraumteleskop messen die absolute Temperatur der CMB; andernfalls würden die Karten eine einheitliche Farbe zeigen, die der Temperatur der CMB entspricht. Stattdessen messen sie nur die Abweichungen von der Durchschnittstemperatur der CMB von 2,725 Kelvin. Der größte räumliche Temperaturunterschied wird als CMB-Dipol bezeichnet, wie in Abbildung 3.1 dargestellt, und auch er wird subtrahiert, bevor die Bilder der Tafel 7 (siehe Bildteil) produziert werden. Die Amplitude des Dipols beträgt 3350 Millionstel Kelvin, sodass sie die Farbskala sättigen würde, wenn man sie darstellen wollte. Der Dipol entsteht, weil die Satelliten sich relativ zum CMB mit einer Nettogeschwindigkeit bewegen. Wie Sie sich aufgrund des Doppler-Effekts vorstellen können, erscheint ein Schwarzer Körper etwas heißer, wenn man sich auf ihn zubewegt, und etwas kälter, wenn man sich von ihm entfernt. Daher lässt sich leicht feststellen, ob man relativ zum Schwarzen Körper stationär ist, indem man einmal komplett in die Runde schaut.

Die Tatsache, dass dieser Dipol überhaupt existiert, liefert uns eine weitere Erkenntnis über das Universum. Sie bedeutet nämlich, dass es einen universellen kosmischen Bezugsrahmen gibt. Das verstößt nicht gegen irgendwelche Gesetze der Physik, da wir ja einfach nur einen Bezugsrahmen definieren. Es ist derselbe Bezugsrahmen, in dem Galaxien im Durchschnitt relativ im Ruhezustand sind, wenn man ihre Bewegung von der kosmischen Expansion subtrahiert. Relativ zu diesem Bezugsrahmen haben die meisten Galaxien eine gewisse Geschwindigkeit, und die Milchstraße bildet da keine Ausnahme. Unsere Nettogeschwindigkeit relativ zum kosmischen Bezugsrahmen beträgt etwa 0,1 Prozent der Lichtgeschwindigkeit. In Bezug auf den Rest des Universums bewegen wir uns also ziemlich schnell. Die wichtigsten Komponenten, aus denen sich diese Geschwindigkeit zusammensetzt, sind die Bewegung der Erde um die Sonne (0,01 Prozent der Lichtgeschwindigkeit), die Bewegung der Sonne um das Zentrum der Milchstraße (0,08 Prozent der Lichtgeschwindigkeit), die Bewegung der Milchstraße in der Lokalen Gruppe und die Bewegung der Lokalen Gruppe relativ zum Rest der Galaxien. Ihre Geschwindigkeiten sind in verschiedene Richtungen gerichtet, sodass man vorsichtig sein muss, wenn man sie zusammenrechnet.

Die Komponente der um die Sonne kreisenden Erde ist für CMB-Messungen besonders wichtig. Sie wird als orbitaler Dipol bezeichnet und ermöglicht es uns, unsere Messinstrumente sehr genau zu kalibrieren. Da die Geschwindigkeit der Erde unabhängig von der CMB exakt gemessen werden kann, lässt sich die Amplitude des orbitalen Dipols mit ähnlich hoher Genauigkeit vorhersagen – sie beträgt etwa

270 Millionstel Kelvin. Im Verlauf eines Jahres wird diese Komponente des Gesamtdipols von den Satelliten gemessen. Der Gedanke, dass wir Schwankungen des Lichts, das vom äußeren Rand des Universums zu uns kommt, mit der Bewegung der Erde um die Sonne kalibrieren können, ist erfreulich.

In Tafel 7 (siehe Bildteil) zeigt der Farbbalken den Grad der Abweichungen vom Durchschnitt. Sehen wir uns einmal im oberen Bild die Regionen oberhalb und unterhalb der gestrichelten Linien etwas genauer an. Einige Bereiche sind wärmer als der Durchschnitt – die rotesten Stellen liegen etwa 2,7253 Kelvin oder mehr über dem absoluten Nullpunkt. Und andere sind kälter – die blauesten Stellen liegen etwa 2,7247 Kelvin oder weniger über dem absoluten Nullpunkt. Wir sagen »mehr oder weniger«, weil dies die Farben an den Enden des Farbbalkens sind. Der breite heiße Streifen entlang dem Äquator jeder Karte sind die Emissionen der Milchstraße bei diesen Wellenlängen. Von der Karte in Tafel 1 (siehe Bildteil) wurde ein Modell dieser »galaktischen Emission« subtrahiert. Wir zeigen hier das ganze Bild, damit Sie, wenn Sie nächstes Mal zur Milchstraße hinaufschauen, überlegen können, wie sie bei längeren Wellenlängen aussieht und sich ihre Beziehung zur CMB-Anisotropie besser vorstellen können. Doch um Kosmologie zu verstehen, sind die Emissionen der Milchstraße und anderer Galaxien Lichtverunreinigungen.

Vermessung der CMB

Bevor wir ausführlich darauf eingehen, was die Karten in Tafel 7 (siehe Bildteil) im Einzelnen bedeuten, wollen wir uns ansehen, wie die Messungen tatsächlich durchgeführt werden. Die CMB wurde 1965 von Arno Penzias und Robert Wilson entdeckt. Sie arbeiteten in Bell Labs Crawford Hill Laboratory in Holmdel, New Jersey, wo sie ein Teleskop konstruierten, um damit Signale von einem Kommunikationssatelliten zu empfangen. Mit ihrem Empfänger, der dem neuesten Stand der Technik entsprach und genau kalibriert war, entdeckten sie ein unerwartetes Signal: Der gesamte Himmel strahlte mit ungefähr 3,5 Kelvin. Der wichtigste Grund für die These, dass es sich um ein kosmisches Signal handelte, bestand darin, dass es in allen Himmelsrichtungen gleich stark war.[23] Seither ist die CMB mit diversen Verfahren gemessen worden. Die Aussicht auf neue wissenschaftliche Erkenntnisse führte dazu, dass zahlreiche neue Technologien und beeindruckende Instrumente entwickelt wurden, um sowohl ihre absolute Temperatur als auch ihre Anisotropie zu vermessen. Hier werden wir uns in erster Linie auf die Vermessung der Anisotropie konzentrieren, weil dies das Signal ist, aus dem wir am meisten über das Universum erfahren können.

In den späten 1960er-Jahren wurde der Himmel mit einzelnen, bei Raumtemperatur betriebenen Temperaturdetektoren abgetastet, mit denen nach Temperaturunterschieden von etwa 1 Tausendstel Kelvin gesucht wurde. Doch inzwischen gibt es Instrumente mit Tausenden von Detektoren, die auf ein Zehntelgrad über dem absoluten Nullpunkt gekühlt sind, rund um die Uhr laufen und CMB-Temperaturunterschiede mit einer Genauigkeit von 1 Millionstel Kelvin oder besser erfassen können. Die verfahrenstechnische Herausforderung bei solchen Experimenten besteht darin, solche winzigen Unterschiede zwischen verschiedenen Positionen am Himmel mit einem Instrument zu messen, das in einer Umgebung von etwa 300 Kelvin betrieben wird, also fast eine Milliarde Mal wärmer ist als das Signal selbst. Die stetigen Fortschritte der Verfahren und Technologien, die uns das ermöglichen, waren fundamental und beständig.

Die CMB strahlt über ein breites Spektrum von Wellenlängen, ist jedoch bei 0,1 Zentimeter am stärksten, wie Abbildung 2.1 zeigt. Zwischen den Wellenlängen von 30 Zentimeter und 0,05 Zentimeter ist er heller als alles andere am Himmel, wenn man von der galaktischen Ebene der Milchstraße fortschaut und von einer Position oberhalb der Erdatmosphäre aus beobachtet. Vor allem bei Wellenlängen unter 0,3 Zentimeter kann es durch den Wasserdampf in der Atmosphäre schwierig oder gar unmöglich werden, von niedriger gelegenen Positionen aus zu messen. Das hat manche Wissenschaftler motiviert, ihre Instrumente an hochgelegenen und trockenen Orten aufzubauen – etwa auf dem

White Mountain in Kalifornien, den chilenischen Anden oder dem Südpol –, oder sie mit einem Ballon in die Atmosphäre aufsteigen zu lassen. Doch die optimale Plattform, um die CMB zu vermessen, ist ein Satellit.

Der erste Satellit,[24] der dazu diente, die CMB und die Infrarotemission zu messen, war der in Abschnitt 1.1 beschriebene COsmic Background Explorer (COBE), den die NASA im November 1989 in eine Erdumlaufbahn brachte. Im Juni 2001 folgte ihm die Wilkinson Microwave Anisotropy Probe (WMAP) und im Mai 2009 das Planck-Weltraumteleskop. Wir werden uns auf die beiden Letzteren konzentrieren, die in Abbildung 3.2 dargestellt sind, da sie uns das beste und vollständigste Bild der CMB-Anisotropie geliefert haben, und zwar auf ziemlich unterschiedliche Weise.

Penzias und Wilson vermaßen die CMB bei einer Wellenlänge von 7,4 Zentmeter. Sie liegt im »Mikrowellen«-Frequenzband, und daher hat sich der Name kosmischer Mikrowellenhintergrund eingebürgert, obwohl der Großteil der Strahlung bei kürzeren Wellenlängen liegt. Da 7,4 Zentimeter eine relativ große Wellenlänge ist, wird sie von der Atmosphäre nicht so stark gedämpft wie kürzere Wellenlängen. Andere verbreitete Anwendungen im Mikrowellenbereich sind Fernsehsender (Kanäle 2 bis 83 mit Wellenlängen von 500 Zentimeter bis 34 Zentimeter) und Mikrowellenherde (12,2 Zentimeter). Moderne TV-Satellitenschüsseln empfangen bei einer Wellenlänge im Bereich um 1 Zentimeter. In Abbildung 3.2 können Sie sehen, dass WMAP aussieht, als wären darauf zwei TV-Satellitenschüsseln angebracht, die in entgegengesetzte Richtungen orientiert sind. Das ist kein Zufall. WMAP empfängt Wellenlängen zwischen 1,3 Zentimeter und 0,3 Zentimeter in fünf verschiedenen Frequenzbändern.

Um ein besseres Gefühl dafür zu bekommen, wie die Messungen durchgeführt werden, können wir uns einen alten Fernseher mit Kathodenstrahlröhre vorstellen. Nehmen wir an, wir haben eine Antenne des Typs, der direkt an den Fernseher angeschlossen wird. Wenn Sie dann den Kanal 83 einstellen und dort nichts gesendet wird, bekommen Sie auf dem Bildschirm nur Flimmern oder Rauschen zu sehen. Dieses Rauschen stammt aus zwei Quellen: Es ist eine Kombination von Mikrowellen, die aus der Umgebung über die Antenne in den Fernseher eintreten, und dem Rauschen der Elektronik im Inneren des Fernsehers. Überlegen wir zunächst, welchen Anteil die Antenne an dem Rauschen hat: Die einfallenden Mikrowellen bewegen die Elektronen im Material der Antenne. Diese Elektronen wiederum triggern den Input der Transistoren im Empfangsteil des Fernsehers, und die restliche Elektronik des Fernsehers verstärkt und moduliert das Signal so, dass Sie es auf dem Bildschirm sehen können. Wie ein Rundfunksignal tritt die CMB in die Antenne ein, doch sie sieht aus wie Rauschen. Grob geschätzt stammt etwa 1 Prozent des gesamten Rau-

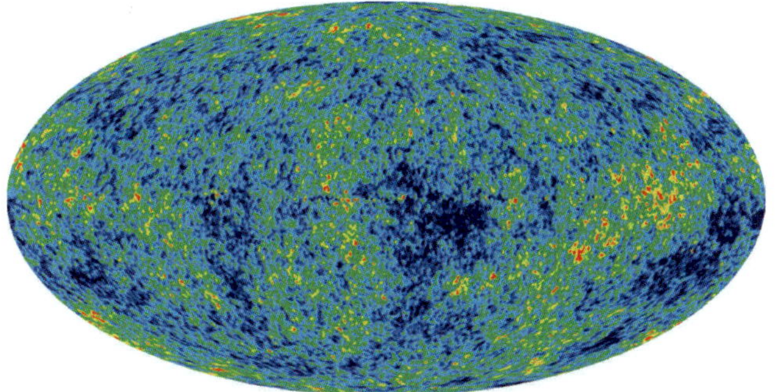

Tafel 1: Dies ist eine Karte der Temperaturvarianz im Restlicht von der Geburt des Universums, erfasst über den gesamten Himmel. Der Temperaturunterschied zwischen den blauesten und den rötesten Regionen entspricht 400 Millionstel Grad Celsius. Das Ziel dieses Buches ist es, dieses Bild und das, was es uns über das Universum sagt, zu erklären.
(*Bildnachweis:* NASA/WMAP Science Team)

Tafel 2: Die Milchstraße, die in diesem Bild in einem Winkel von etwa 45 Grad schräg von links unten nach rechts oben verläuft. Dieses Bild wurde von Giulio Ercolani und Alessandro Schillaci unweit der Gemeinde San Pedro de Atacama in Chile aufgenommen. Der inaktive Vulkan Licancabur ist unten links im Bild zu sehen. Die hellen Punkte abseits der galaktischen Ebene sind Sterne in unserer Galaxie; die galaktische Ebene liegt zwischen den Pfeilen am Bildrand, die mit »GP« (»galactic plane«) beschriftet sind. Dort, wo sich die galaktische Ebene und die mit »GC« (»galactic center«) beschriftete Linie kreuzen, liegt das galaktische Zentrum. Die dunklen Regionen in der galaktischen Ebene sind sogenannte »Staubbänder«. Der Staub blockiert sichtbares Licht, emittiert aber Wärmestrahlung, wie in Tafel 3 gezeigt.

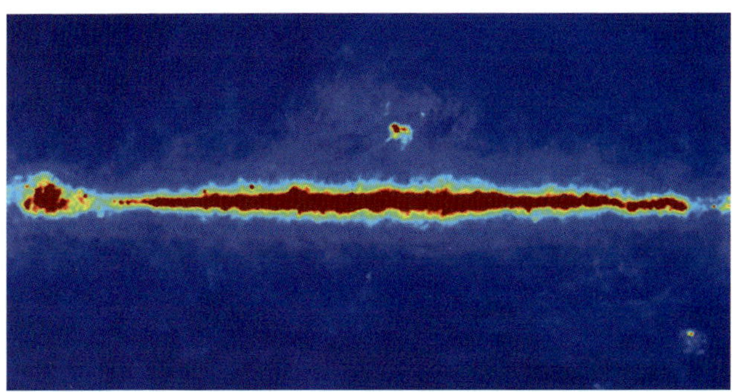

Tafel 3: Der leuchtende Staub in der Milchstraße, wie er mit dem Infrarotteleskop DIRBE an Bord des Satelliten COBE aufgenommen wurde. Dieses Bild zeigt Strahlung im Ferninfrarotbereich bei einer Wellenlänge von 100 µm, also etwa zweihundertmal länger als in Tafel 2. Während in Tafel 2 der Staub das Licht der Sterne dahinter verdeckt, sieht man bei dieser Wellenlänge den Staub leuchten. Das Zentrum der Milchstraße (GC) befindet sich in der Mitte des Bildes. Der helle Fleck über dem Zentrum ist die Rho-Ophiuchi-Wolke im Sternbild Schlangenträger, eine große Staubwolke. Der dunkelrote Fleck ganz links im Bild ist die Cygnus-Region um das Sternbild Schwan, und der helle Fleck rechts unten ist die Große Magellansche Wolke, eine nahe gelegene Zwerggalaxie. (Als das Bild in Tafel 2 aufgenommen wurde, befand sich die Große Magellansche Wolke rechts unterhalb des Horizonts.) Dieses Bild deckt ein Viertel des Himmels ab. Wäre man in einer Wüste und könnte die Milchstraße bei diesen Wellenlängen sehen, würde sie sich quer über den gesamten Himmel von Horizont zu Horizont erstrecken. (*Bildnachweis:* NASA/ COBE Science Team)

Tafel 4: Das »Hubble Ultra Deep Field«. Die große Mehrheit der Objekte auf diesem Bild sind Galaxien. Das Licht der näher gelegenen Galaxien ist seit etwa einer Milliarde Jahren zu uns unterwegs, das Licht der am weitesten entfernten Galaxien seit etwa 13 Milliarden Jahren. Dieses Bild wurde in Richtung des Sternbilds Chemischer Ofen (Fornax) aufgenommen. (*Bildnachweis:* NASA, ESA und S. Beckwith [STScI] sowie das HUDF Team)

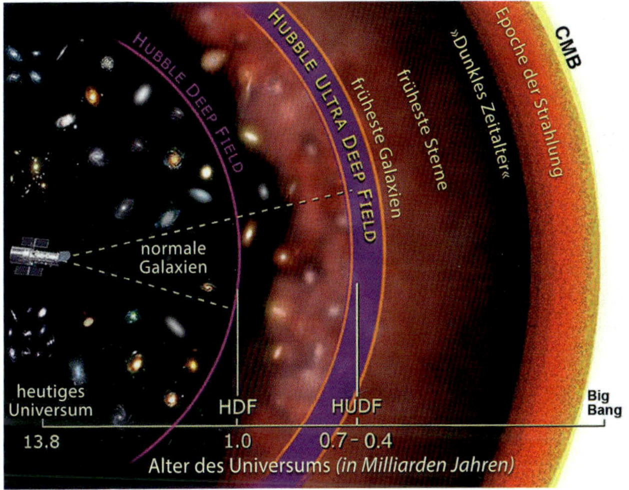

Tafel 5: Ein Teleskop ist wie eine Zeitmaschine. Wenn wir in den Weltraum hinausschauen, blicken wir in die Vergangenheit. Mit dem »Hubble Ultra Deep Field«-Bild aus Observationsdaten des Hubble-Weltraumteleskops blicken wir zurück in die Zeit, als die ersten Galaxien entstanden. Das Licht der ersten Sterne wurde emittiert, als das Universum etwa 200 Millionen Jahre alt war, und war seither auf der Reise zu uns. Wir können es uns so vorstellen, dass dieses Licht aus einer Hülle am Rand des beobachtbaren Universums kommt. In diesem Bild ist die CMB der äußere gelbe Ring, die Bezeichnung »Big Bang« markiert den Beginn der Zeitachse. (*Bildnachweis:* NASA)

Tafel 6: Ein Kompositbild des Bullet-Clusters, das aus Observationsdaten des Röntgenteleskops Chandra in einer Erdumlaufbahn, der Magellan-Teleskope in Chile und des Hubble-Weltraumteleskops erzeugt wurde. Das Bild erstreckt sich über rund ein Sechstel des Vollmonds. Die weißen und gelblichen Objekte sind zumeist Galaxien, die rosa Bereiche zeigen normale Materie, die hauptsächlich in Form von heißem, Röntgenstrahlung emittierendem Gas in Erscheinung tritt, und die blauen Bereiche, wo sich Dunkle Materie befindet, die durch den Gravitationslinseneffekt sichtbar wird. Bitte beachten Sie die hohe Konzentration von Galaxien in den blauen Regionen. (*Bildnachweis:* Röntgenstrahlung: NASA/CXC/CfA/M. Markevitch et al.; sichtbares Licht: NASA/STScI; Magellan/University of Arizona/D. Clowe et al.; Lensing-Karte: NASA/STScI; ESO WFI; Magellan/University of Arizona/D. Clowe et al.)

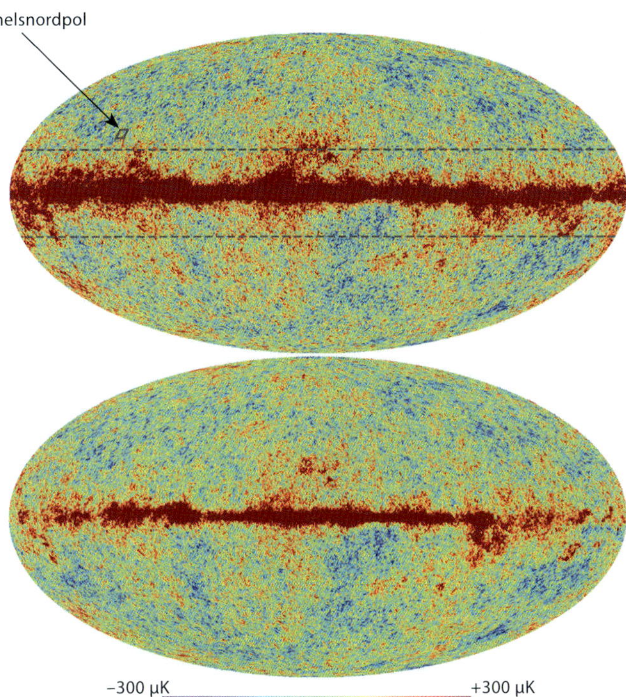

Tafel 7: Zwei Karten des gesamten Himmels, welche die CMB-Anisotropie und die galaktischen Emissionen in einer Mollweide-Projektion zeigen. Bild oben: Die Karte des Planck-Weltraumteleskops bei einer Wellenlänge von 0,2 cm. Die Strahlung der relativ nahen Milchstraße liegt hauptsächlich zwischen den zwei gestrichelten Linien. Der größte Teil des Signals oberhalb und unterhalb dieser Linien ist die CMB-Anisotropie, wenn auch an einigen wenigen Stellen die Strahlung der Milchstraße durchscheint. Der kleine quadratische Kasten links oberhalb der oberen gestrichelten Linie markiert den Nordstern und ist in Tafel 8a dargestellt. Bild unten: Die Inhalte der beiden Karten sind die gleichen, sobald man sich von der Milchstraße entfernt. Die Temperatur-Farbskala reicht von –300 Millionstel Grad bis +300 Millionstel Grad, wobei das Zeichen »µ« für »Millionstel« steht. (*Bildnachweis:* ESA und die Planck Collaboration; NASA/WMAP Science Team)

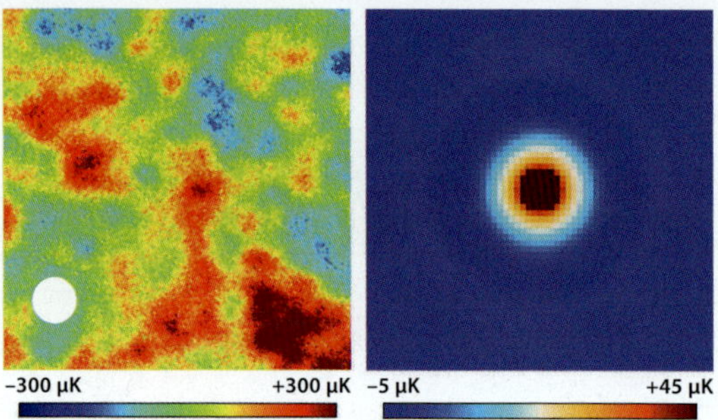

Tafel 8a: Linkes Bild:Vergrößerung eines 4° × 4° großen Ausschnitts der Karte des Planck-Weltraumteleskops von Tafel 7, zentriert um den Himmelsnordpol. Um ein Gefühl für den Maßstab zu vermitteln, zeigt der weiße Kreis die Größe des Vollmonds. (Natürlich ist der Vollmond nicht in der Nähe des Nordsterns.) Rechtes Bild: Der Durchschnittswert von über 10.000 heißen (roten) Flecken in der Karte des Planck-Weltraumteleskops, ebenfalls als 4° × 4° großer Ausschnitt. Die Unregelmäßigkeiten einzelner Flecken gleichen sich im Durchschnitt aus. In diesem Bild liegen die blauen Regionen nahe dem Durchschnitt aller Hot- und Coldspots, nämlich bei 2,725 K, während die roten Regionen, also die durchschnittliche Temperatur der Hotspots, um 45 µK über dem Durchschnitt liegt. (*Bildnachweis:* ESA und die Planck Collaboration)

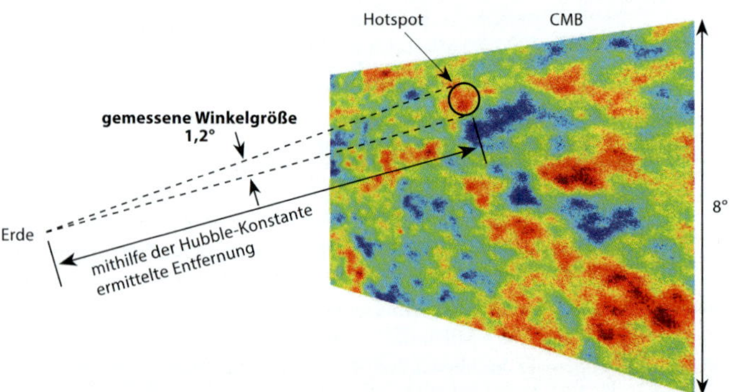

Tafel 8b: Dieses Bild zeigt, wie die Größe der Hot- und Coldspots in der CMB gemessen werden. Tafel 8a zeigt diese Hotspot-Durchschnittsgröße; sie entspricht dem Maximum des Energiespektrums in Abbildung 3.3 (Seite 131). Indem wir den gemessenen Winkel mit der berechneten Durchschnittsgröße von Hotspots und unserem Wissen um die Hubble-Konstante verbinden, können wir die Geometrie des Universums feststellen. (*Bildnachweis:* ESA und die Planck Collaboration)

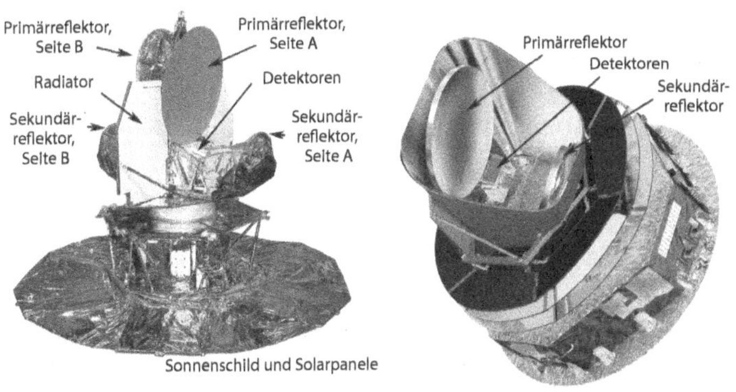

Abbildung 3.2 Die WMAP-Raumsonde ist links abgebildet, das Planck-Weltraumteleskop rechts. Um ein Gefühl für den Maßstab zu vermitteln: Der große Reflektor - die »Schüssel« - der WMAP-Sonde ist 1,40 x 1,60 Meter groß, beim Planck-Weltraumteleskop sind es 1,50 x 1,90 Meter. Die beiden Satelliten sind ungefähr gleich groß und haben jeweils eine Gesamthöhe von etwa 3,00 Meter. Bei der WMAP-Abbildung wäre die Sonne in Richtung des unteren Seitenrandes, beim Planck-Satelliten wäre sie unten rechts. Dank der thermischen Abschirmung kann der Primärreflektor der WMAP-Sonde auf 60 Kelvin abgekühlt werden, der des Planck-Satelliten sogar auf unter 40 Kelvin. Bei beiden Satelliten sind die Detektorelemente direkt unter den Primärreflektoren angebracht. Bei der WMAP-Sonde werden die Detektoren auf 90 Kelvin gekühlt, indem die Wärme mit den großen Radiatoren der passiven thermischen Abschirmung von den Detektoren abgeführt wird. Beim Planck-Weltraumteleskop wird dagegen ein aktives System zur Kühlung eingesetzt, das die Detektoren für längere Wellenlängen auf 20 Kelvin und die Detektoren für kürzere Wellenlängen auf 0,1 Kelvin herunterkühlt.

Bildnachweis: NASA/WMAP Science Team; ESA und die Planck Collaboration.

schens auf dem Fernsehbildschirm aus der CMB, die über die Antenne in den Fernseher eintritt.

Um die Anisotropie zu vermessen, würde man die Fernsehantenne in eine bestimmte Richtung drehen und dort die Menge des Rauschens erfassen, zum Beispiel indem man ein Foto davon macht oder das Rauschen aufzeichnet. Ohne irgendetwas am Fernseher zu verstellen, würde man dann die Antenne auf eine andere Stelle richten und dort erneut die Menge des Rauschens aufzeichnen. Die Differenz in der Menge des Rauschens korrespondiert direkt mit dem Unterschied in der Temperatur der Strahlung, die in die Antenne eintritt.

Es liegt auf der Hand, wie sich das Messverfahren verbessern lässt. Auf jeden Fall würden wir uns einen möglichst rauscharmen Fernseher zulegen, damit ein größerer Anteil des Rauschens aus der CMB stammt. Es klingt vielleicht nicht gerade plausibel, aber es ist nicht nötig, das Instrument kälter zu machen als die CMB, um sie zu messen. Entscheidend ist, dass die Elektronen in den Detektorelementen frei sind, um auf die CMB reagieren zu können. Wenn die Transistoren auf vielleicht 100 Kelvin gekühlt werden, können die Elektronen sich freier bewegen und das elektrische Rauschen der Transistoren wird reduziert. Wir könnten das Signal verstärken, indem wir auf mehreren Kanälen gleichzeitig lauschen. Wir müssten dafür sorgen, dass die Antenne nur TV-Signale aus denjenigen Richtungen empfängt, die in der

Nähe der Position liegen, auf die wir sie ausgerichtet haben. Vielleicht würden wir einen Fernseher entwickeln wollen, der auch bei kürzeren Wellenlängen funktioniert, und so weiter und so fort. Letzten Endes machte WMAP all das, aber mit sehr speziellen Transistoren und geradezu pedantischer Aufmerksamkeit für jedes Detail.

Eine weitere wichtige Funktion der WMAP-Sonde ist, dass sie zur gleichen Zeit Strahlung aus zwei verschiedenen Richtungen empfangen und miteinander vergleichen kann. Darum gibt es zwei in entgegengesetzte Richtungen orientierte Schüsseln. WMAP kann nicht die absoluten Temperaturen vermessen, sondern nur ein großes Feld von Temperaturunterschieden. Dann verarbeitet ein Computerprogramm sämtliche gemessenen Differenzen und kombiniert sie, um eine Karte zu produzieren, die nur die räumliche Temperaturvarianz zeigt (siehe Bildteil, Tafel 7).

Das in Abbildung 3.2 dargestellte Planck-Weltraumteleskop verfolgt einen anderen Ansatz. Er hat nur eine primäre Empfangsschüssel. Die Strategie besteht darin, den Satelliten um die eigene Achse zu drehen, während der Drehung die Durchschnittstemperatur zu ermitteln und die Abweichungen der einzelnen gemessenen Temperatur von diesem Wert zu erfassen. Insgesamt hat der Planck-Satellit 72 unabhängige Detektorkanäle, die den Himmel rund um die Uhr vermessen, im Gegensatz zu den 20 der WMAP-Sonde, doch in beiden Fällen ist eine Menge Redundanz eingebaut.

Das Planck-Weltraumteleskop hat zwei Instrumente, die im Tandem den Wellenlängenbereich zwischen 1 Zentimeter und 0,035 Zentimeter in neun verschiedenen Bändern messen. Die Instrumente für die unteren drei Bänder ähneln denen der WMAP-Sonde, aber die Detektoren für die oberen sechs sind anders und verwenden eine andere Technologie, die sogenannte »Bolometrie«.

Das Bolometer ist ein unglaublich empfindliches Gerät, das einem Thermometer sehr ähnlich ist. Es misst einfach die Menge an thermischer Energie, die ihm zugeführt wird. Im Gegensatz zu einem Transistor muss ein Bolometer ziemlich kalt sein, um die CMB messen zu können. Damit es effektiv genutzt werden kann, muss es so gut isoliert sein, dass nur die zu messende Strahlung es erreicht. Die Bolometer auf dem Planck-Weltraumteleskop werden auf 0,1 Kelvin über dem absoluten Nullpunkt gekühlt. In einer Sekunde können sie einen Temperaturunterschied von weniger als 1 Zehntausendstel Kelvin messen.

Beide Satelliten observierten vom »zweiten Lagrange-Punkt« aus, kurz L2. Das ist ein Punkt im Sonnensystem, der etwa 1 Million Kilometer von der Erde entfernt in der der Sonne entgegengesetzten Richtung liegt. Im Jahr 1772 erkannte Joseph-Louis Lagrange, dass es fünf Punkte im Sonnensystem gibt, an denen sich die Anziehungskraft von Erde und Sonne so ausgleichen, dass eine Umlaufbahn möglich ist. Die Position von L2 ist nicht stabil, und daher wurden auf jedem Satelliten hin und wieder kleine Triebwerke gezündet, um zu verhindern, dass er zu weit von diesem Punkt fortdriftete. Im Gegensatz zu den meisten Satelliten kreisten WMAP und Planck um die Sonne, nicht um die Erde.

Von L2 aus blickten die Schüsseln der beiden Satelliten für gewöhnlich fort von Sonne, Erde und Mond. Das ist wichtig, weil diese Himmelskörper im Vergleich zu der winzigen Temperatur, die wir messen wollen, sehr heiß sind. Eine weitere wichtige Eigenschaft von L2 ist seine thermische Stabilität – dort gibt es keine Tag/Nacht-Zyklen. Diese Stetigkeit ist eine Voraussetzung dafür, den Himmel immer wieder vermessen und dann die Daten mitteln zu können. Die WMAP-Sonde observierte neun Jahre lang, das Planck-Weltraumteleskop vier.

Obwohl die Funktion der Satelliten relativ simpel war – sie maßen einfach nur die Temperatur der Strahlung des Himmels –, war eine beispiellose Kontrolle sämtlicher systematischen Fehlerquellen erforderlich, um zu erreichen, dass sie bis an die Grenzen richtig arbeiteten, die erreicht wurden. Der Teufel steckte im Detail. So musste man zum Beispiel sicher sein, dass man eine an einem Tag durchgeführte Messung direkt mit einer zwei Jahre später erfassten Messung vergleichen konnte, auf einem Pegel, der durch das fundamentale Rauschverhalten des Instruments festgelegt war. Der bei Weitem rechenintensivste Teil der Datenanalyse bestand darin zu prüfen, ob man das Messinstrument und die Einwirkungen der Umgebung darauf richtig verstanden hatte.

Eine der wiederkehrenden Fragen bei der Vermessung der CMB lautet: »Woher wissen wir, dass wir wirklich in die fernsten Ursprünge von Licht hinausschauen und nicht nur auf etwas in der Milchstraße oder der Lokalen Gruppe?« Das wichtigste Verfahren, um das sicherzustellen, besteht darin, die Anisotropie bei verschiedenen Wellenlängen zu messen. Ebenso wie das Plancksche Strahlungsgesetz die emittierte Energie pro Wellenlängenband für einen Schwarzen Körper exakt beschreibt, schreibt es eine ähnliche Beziehung für deren Fluktuationen vor. Die von einer Galaxie ausgestrahlte Emission weist ein ganz anderes Muster emittierter Energie im Verhältnis zur Wellenlänge auf, wodurch sie von der CMB unterschieden werden kann. Sowohl die WMAP-Sonde als auch das Planck-Weltraumteleskop erfassen mehrere Wellenlängenbänder, wodurch es möglich wird, die »Vordergrundemission« eindeutig von der kosmischen Emission zu trennen.

Eine einfache und für unsere Zwecke hinreichende Methode, um galaktische Emissionen von der CMB zu trennen, besteht darin, die Galaxie einfach »auszublenden«. Damit ist gemeint, dass man den betreffenden Ausschnitt der Karte aus der Analyse entfernt – ihn ausblendet. In Tafel 7 (siehe Bildteil) können Sie das vor Ihrem geistigen

Auge selbst tun, indem Sie die Regionen zwischen den Breitengraden plus 20 Grad und minus 20 Grad ausschließen, wie es durch die gestrichelten Linien auf der oberen Karte angedeutet ist. Nördlich und südlich dieser Region zeigen die Karten eine scheinbar willkürliche Anordnung von heißen und kalten Regionen mit unterschiedlichen und unregelmäßigen Formen und Größen. Dies ist das CMB-Anisotropiesignal, das uns interessiert.

Wenn Sie sich das »Hubble Ultra Deep Field« auf Tafel 4 (siehe Bildteil) ansehen, fragen Sie sich vielleicht, warum CMB-Experimente nicht all diese Galaxien registrieren. Dafür gibt es drei Gründe: Die Galaxien emittieren Strahlung bei unterschiedlichen Wellenlängen, zwischen den Galaxien ist viel leerer Raum (der größte Teil des Bildes ist schwarz), und die Galaxien sind klein in ihrer Winkelausdehnung. Wenn wir den Himmel mit CMB-Teleskopen mit einer hohen Winkelauflösung vermessen, können wir Galaxien und Galaxienhaufen sehen und auf diese Weise feststellen, dass ihr Beitrag zu den Karten in Tafel 7 (siehe Bildteil) praktisch vernachlässigbar ist.

In Tafel 7 zeigen wir zwei unterschiedliche Karten, um einen wichtigen Punkt zu betonen. Die Anisotropie der CMB wurde mit hoher Präzision gemessen und blieb unverändert, als sie von zwei völlig unabhängigen Satelliten mit unterschiedlichen Detektoren, Beobachtungsstrategien und Wissenschaftlern erfasst wurde. Die Daten wurden von unabhängigen und miteinander im Wettbewerb stehenden Forschungsteams verarbeitet, und doch zeigen beide Karten letztlich dasselbe. Die Ergebnisse wurden also bestätigt.

Die Vermessung der CMB ist heute »Big Science«. Bis in die 1990er-Jahre hinein konnte einem kleinen Team von zwei oder drei Forschern mit nicht allzu kostspieliger Ausrüstung eine bahnbrechende Messung gelingen. Heute arbeiten dagegen Tausende von Menschen in diesem Forschungsgebiet, und die Instrumente kosten viele Millionen Dollar – für einen Satelliten sind es sogar Hunderte von Millionen. Die Satellitenkarten werden auch weiterhin die präzisesten Vermessungen des gesamten Himmels bleiben, doch in bestimmten Regionen des Himmels und bei bestimmten Winkelskalen haben sie noch erhebliches Verbesserungspotenzial. Ein Netzwerk bodengestützter Teleskope ist schon jetzt dabei, in über der Hälfte des Himmelsgewölbes die CMB mit noch größerer Genauigkeit als die WMAP-Sonde oder das Planck-Weltraumteleskop zu vermessen.

Die CMB-Anisotropie

Nehmen wir an, wir haben entweder von der WMAP-Sonde oder vom Planck-Satelliten eine Karte, die so maskiert (bereinigt) wurde, dass wir sicher sein können, dass das verbleibende Signal die CMB-Anisotropie ist. Diese Karte ist einfach nur eine Sammlung von Temperaturmessungen, eine Wärmekarte. Wie können wir daraus kosmologische Erkenntnisse gewinnen? Erinnern wir uns zunächst daran, dass solche Karten ein Bild vom Außenrand des beobachtbaren Universums aus einer Zeit um 400.000 Jahre nach dem Urknall zeigen. Obwohl das Universum sich damals überall entkoppelte, können wir diese Strahlung so betrachten, als käme sie von einer uns umgebenden Schicht zu uns, denn das ist die Region, aus der die CMB stammt, die wir jetzt messen. Diese Region wird manchmal als »Entkopplungsschicht« bezeichnet, denn dort hat sich das Licht, das wir messen, vom Urplasma entkoppelt. In Tafel 5 ist die Entkopplungsschicht die am weitesten außen liegende Schicht.

Was zeigen uns die heißen und die kalten Regionen? Die Verbindung, die wir entwickeln wollen, besteht darin, dass diese Regionen eine Karte der Intensität der Schwerkraft im Universum zur damaligen Zeit nachzeichnen, etwa 400.000 Jahre nach dem Urknall. Es wird einige gedankliche Schritte erfordern, doch diese Verbindung ist wichtig, weil sie es uns ermöglichen wird, die räumliche Verteilung von Materie mit der Temperaturanisotropie der CMB ins Verhältnis zu setzen.

Weiter oben gaben wir ein einfaches eindimensionales Bild des Vorgangs, wie Masse verklumpt und dadurch Strukturen bildet. Im Universum vollzieht sich dieser Prozess natürlich in drei Dimensionen. Wenn Masse sich zusammenklumpt, ist die Schwerkraft in dieser Region des Raums stärker als in anderen Regionen. Wenn zum Beispiel die Erde gleich groß, aber massereicher wäre, würden wir mehr wiegen, weil die Schwerkraft stärker wäre. Entsprechend ist die Schwerkraft umso stärker, je mehr Masse sich in ein bestimmtes Volumen zusammenklumpt. Diese Variation der Schwerkraft im Raum wird als »Gravitationslandschaft« bezeichnet, die wiederum die CMB-Anisotropie produziert, was wir als Nächstes beschreiben werden.

Manchmal ist es einfacher, sich den Prozess des Verklumpens in einem zweidimensionalen Schnitt durch den Raum vorzustellen. Wir können uns einen zweidimensionalen Schnitt durch eine Landschaft mit Hügeln und Tälern von unterschiedlicher Breite und Höhe vorstellen. Die unterschiedlichen Höhenniveaus der Landschaft stehen für die unterschiedlichen Stärken der Schwerkraft. In den Tälern ist die Schwerkraft stärker als auf den Bergkuppen. Im Lauf der Entwicklung des Universums vor der Entkopplung verklumpt Dunkle Materie und die Täler werden tiefer. Das Plasma aus Photonen, Elektronen und Atomkernen strebt danach, in die Täler zu fallen, doch es ist so energiereich, dass es nicht verklumpt. Auf der Erde gibt es keine realistische Analogie für diesen Prozess. In groben Zügen kann man sich das Plasma wie Wasser vorstellen, das mehr oder weniger aufgewühlt ist und in einer Ansammlung von Plastik-Eierlagen zur Ruhe kommen will. Die Eierlagen stellen die Berge und Täler dar, doch im Gegensatz zu Wasser ist

Plasma komprimierbar – wenn es in ein Tal fällt, wird es dichter, erhitzt sich und blubbert wieder hoch.

In dieser Zeit ist das gesamte Universum voll von einer Masse aus sich komprimierendem, sich verdünnendem, blubberndem, oszillierendem Plasma, das sich in den Tälern sammeln will, aber nicht zur Ruhe kommen kann. Dann kühlt das Universum in relativ kurzer Zeit so weit ab, dass sich Atome bilden, die CMB freigesetzt wird und der Plasma-Zustand endet. Das ist die Entkopplung etwa 400.000 Jahre nach dem Urknall. Die CMB protokolliert den Zustand des Universums zu dieser Zeit. Alles Plasma, das in ein Tal gefallen ist, wird komprimiert und erhitzt sich, ähnlich wie Gas, das in einem Kolben verdichtet wird. In einer guten Näherung zeigen die heißen, in den Karten rot dargestellten Regionen, wo sich die Gravitationstäler befinden, in denen das Plasma heißer ist, und die blauen Regionen zeigen uns, wo die Hügel sind. Die CMB liefert uns einen Schnappschuss von der primordialen Gravitationslandschaft. Die freigesetzten Atome reagieren dann auf diese Landschaft und kollabieren infolge der Schwerkraft immer weiter zu den oben beschriebenen kosmischen Strukturen.

In der Regel beträgt der kleinste erkennbare Kontrast in den Karten – also der Temperaturunterschied zwischen verschiedenen Regionen – 100 Millionstel Kelvin oder 100 Mikrokelvin. Häufig verwenden wir den Begriff »Fluktuationen« als Kürzel für »Varianz über den Raum«

und sprechen davon, dass die Temperaturvarianz ungefähr einige Hunderttausendstel der Gesamttemperatur von etwa 3 Kelvin ausmachen. Das ist der gleiche Anteil wie beim Verklumpen von Materie, das wir im vorigen Kapitel behandelt haben. Wenn Ihre Körpermasse der Menge der verklumpten Materie bei der Entkopplung entspricht, wird die eine Region des Universums vielleicht eine vollständige Kopie von Ihnen haben, während die andere Region eine Kopie von Ihnen plus oder minus der Masse der Spitze eines Ihrer kleinen Finger haben könnte. Das Verklumpen von Materie und der Grad der Anisotropie sind eng miteinander verbunden – tatsächlich sind die Ursachen ihrer Fluktuationen dieselben, nämlich die oben erwähnten Urkeime der Strukturbildung.

Tafel 8a zeigt einen vergrößerten Ausschnitt der Region in dem kleinen grauen Kasten in der oberen Karte von Tafel 7. Er ist an jeder Seite etwa achtmal so groß wie der Durchmesser des Vollmonds. Obwohl die heißen und kalten Regionen wie unregelmäßige Flecken geformt sind, haben sie doch eine typische Größe. Das Bild sieht eindeutig nicht wie ein pointillistisches Gemälde aus, das aus Tausenden von winzigen Farbtupfern besteht. Auch sind die Farbflecken nicht so groß, dass sie die Hälfte des ganzen Bildes einnehmen würden; die typische Größe eines Fleckens entspricht vielmehr etwa dem Doppelten eines Vollmonddurchmessers.

Warum haben die Flecken eine typische Größe? Kehren wir noch einmal zurück zur Gravitationslandschaft. Das

Urplasma ist dann am heißesten, wenn es am stärksten komprimiert ist. Das ist der Fall, wenn das Plasma in der Zeit zwischen dem Beginn des Fließens – etwa 50.000 Jahre nach dem Urknall – und der Entkopplung nur einmal von allen Seiten die Talwände hinunter »fließt«. Die Fließgeschwindigkeit ist eigentlich eher als die Geschwindigkeit zu verstehen, mit der eine Störung sich im Plasma ausbreitet, ähnlich wie Schall in der Luft. Die Fließgeschwindigkeit des Plasmas ist durch fundamentale Gesetze der Physik festgelegt. Wie lange es fließen konnte, wird durch die Expansion des Universums begrenzt, denn 400.000 Jahre nach dem Urknall gibt es kein Plasma mehr und die entkoppelte CMB kann sich ungehindert ausbreiten. Das Produkt aus Fließgeschwindigkeit und Zeit ergibt eine Entfernung. Das heißt, dass es Täler einer speziellen Größe gibt, die besonders effektiv heiße Flecken hervorbringen können. Entsprechend sorgen Hügel der gleichen speziellen Größe dafür, dass kalte Flecken entstehen. Die Fließgeschwindigkeit des Plasmas und die optimale Talgröße lassen sich mithilfe konventioneller Physik theoretisch sehr genau berechnen. Natürlich gibt es Täler sämtlicher Größen und Tiefen, aber die CMB hebt eine spezielle Größe hervor, und diese Größe lässt sich in Form von Lichtjahren berechnen.

Wir können einen einfachen Näherungswert für diese spezielle Größe berechnen. Die Zeit, während der das Plasma fließen kann, ist 400.000 – 50.000 = 350.000 Jahre.

Die Fließgeschwindigkeit des Plasmas ist schwieriger zu berechnen. Da es überwiegend aus Photonen besteht, ist die Geschwindigkeit, mit der eine Störung im Plasma sich ausbreitet, sehr hoch, nämlich etwa die halbe Lichtgeschwindigkeit. Multipliziert man diese Zahlen miteinander, erhält man etwa 200.000 Lichtjahre, was der Entfernung zwischen dem Boden eines Tals und seinem Rand entspricht. Diese Schätzung ist aber nicht ganz richtig, denn in dieser Zeit dehnt sich das Universum um den Faktor drei aus (siehe Anhang A.3). Eine genauere Berechnung ergibt, dass die spezielle Größe eher bei 450.000 Lichtjahren liegt. Sie wird als charakteristische akustische Größe zur Zeit der Entkopplung bezeichnet, weil der Plasmastrom einer Schallwelle gleicht. Unsere spezielle Größe, die etwa dem Durchmesser eines Hot- oder Coldspots entspricht, ist doppelt so groß, also etwa neunmal so groß wie der Durchmesser der Milchstraße nach den heute vorliegenden Messungen.

Jetzt können wir verstehen, wie das Universum damals aussah, im Vergleich zu heute. Es war tausendmal heißer und wesentlich gleichförmiger. Wenn wir den Weltraum in Würfel mit einer Kantenlänge von 900.000 Lichtjahren unterteilten, würden manche dieser Würfel ein paar Hunderttausendstel mehr Masse enthalten als der Durchschnitt, andere entsprechend weniger. Diese winzige Massenungleichförmigkeit, welche die CMB-Anisotropie nachzeichnet, entsteht und wächst durch Gravitationsinstabilität und führt dazu, dass sich kosmische Strukturen bilden, während das Universum expandiert.

Dieser Prozess wurde erstmals in den 1970er-Jahren in einem Artikel von Jim Peebles und Jer Yu sowie in einem damit zusammenhängenden Papier von Rashid Sunyaev und Jakow Seldowitsch beschrieben. Das darauf basierende Modell wurde im Lauf der Jahrzehnte immer weiter verfeinert und erweitert, aber das Grundkonzept, das wir heute haben, ist das gleiche. Es ist ein Beleg für die Allgemeingültigkeit der Gesetze der Physik, dass auf der Basis von Messungen auf der Erde Vorhersagen darüber getroffen werden können, was im frühen Universum hätte geschehen müssen, und dass diese Vorhersagen verifiziert werden können. Die Physik, die hinter den heißen und kalten Regionen des Universums steckt, ist komplizierter, als wir sie präsentiert haben, aber der hier beschriebene Prozess ist der vorherrschende, der die in den CMB-Karten beobachteten Eigenschaften hervorbringt.

Quantifizierung der CMB

Um die Karten mit theoretischen Modellen vergleichen zu können, müssen wir sie quantifizieren. Mit anderen Worten: Wir müssen die zufällig verteilte Menge von heißen und kalten Regionen mit unterschiedlichen Temperaturen und unregelmäßigen Größen auf eine Menge von Zahlen reduzieren. Mathematisch gesehen ist eine Anisotropiekarte eine zweidimensionale Menge von Zufallszahlen auf einer Kugel. Im Lauf der vergangenen Jahrzehnte sind mehrere Verfahren entwickelt worden, um solche Karten zu beschreiben; zwei davon wollen wir uns etwas näher ansehen.

Das erste Verfahren ist einfach und aufschlussreich. Wir scannen einfach die Karte und extrahieren überall dort, wo es einen Hotspot gibt, einen 4° × 4° großen Kartenausschnitt, der um den Hotspot zentriert ist. Dabei müssen wir darauf achten, dass nichts doppelt gezählt wird, aber wir können experimentieren und einen Algorithmus dafür entwickeln. Im linken Bild von Tafel 8a sind etwa ein Dutzend Hotspots zu sehen, also würden wir in dem Bereich um diese Region ein Dutzend Quadrate von 4° × 4° Größe anlegen. In den Bereichen des Himmels, die weit von der galaktischen Ebene entfernt sind – nördlich und südlich der gestrichelten Linien im oberen Teil von Tafel 7 –, sind etwa 10.000 Hotspots zu finden, für die wir ebenfalls solche Quadrate anlegen. Dann nehmen wir all diese 4° × 4°-Kartenausschnitte und mitteln sie. Dieses Verfahren liefert uns einen durchschnittlichen Hotspot, wobei die in den Ausschnitten nicht häufig vorkommenden Merkmale im Mittel verschwinden. Zwar haben wir uns auf die heißen Regionen konzentriert, doch auf die kalten Regionen könnten wir das gleiche Verfahren anwenden.

Das rechte Bild in Tafel 8a zeigt die durchschnittliche Hotspot-Karte für das Planck-Weltraumteleskop. Es ist ein ganz erstaunliches Bild, das uns die spezielle Talgröße sehr detailliert zeigt. Auf den ersten Blick scheint es einen Durchmesser von ungefähr zwei Vollmonden zu haben. Eine genauere Analyse ergibt einen Winkeldurchmesser von 1,193 Grad, den wir auf 1,2 Grad aufrunden. Neben der CMB-Temperatur ist dies eine der am genauesten ermittelten Zahlen in der Kosmologie. Sie hat weitreichende Konsequenzen, auf die wir noch zurückkommen werden.

Die zweite Methode, um die Bedeutung der Karten zu erschließen, ist aufwendiger, zeigt aber die Kenndaten des Hotspots deutlicher. Sie führt zu einer Darstellung, die als »Energiespektrum« bekannt ist (siehe Abbildung 3.3). Im Wesentlichen zeigt uns diese Grafik das Ausmaß der Temperaturvarianz in der Karte für unterschiedliche Winkelgrößen. Aus dem oben Gesagten wissen wir schon, dass die größten Temperaturvarianzen für Regionen mit einer Winkelgröße von etwa 1 Grad auftreten, was in Abbildung 3.3 dem Maximum der Kurve bei 1 Grad entspricht.

Um das zu veranschaulichen, können wir uns dieses Diagramm als einen grafischen Equalizer – oder einfach »Equalizer« – für eine hochwertige Stereoanlage vorstellen. Das ist ein Gerät, mit dem sich die verschiedenen Frequenzbereiche eines Audiosignals verstärken oder dämpfen lassen. Vielleicht wollen Sie zum Beispiel in einem Musikstück die Bässe im Verhältnis zu den Höhen anheben. Bei einem Autoradio macht man das mit einem Klangregler-Drehknopf, aber mit einem Equalizer lässt sich die Klangfarbe wesentlich differenzierter einstellen. Ein typischer HiFi-Equalizer hat eine LED-Anzeige mit fünf bis zehn senkrechten Balken. Die Anzahl der leuchtenden LEDs in der Spalte ganz links zeigt an, wie stark die Bässe angehoben werden; die LEDs auf der rechten Seite zeigen die Höhen an. In unserer Analogie entspricht die CMB-Karte der Musik. Die tiefen Töne sind auf der linken Seite des Diagramms und die hohen auf der rechten, ähnlich angeordnet wie auf einer Klaviertastatur. Die y-Achse entspricht dann der empfundenen Lautstärke der betreffenden Frequenz oder Tonhöhe. Wenn das Maximum in der Nähe von 1 Grad dem eingestrichenen C mit 261 Hertz entspricht, liegt die zweite Spitze bei 635 Hertz oder knapp unter dem E in der nächsthöheren Oktave, die dritte Spitze liegt bei 963 Hertz in derselben Oktave, aber knapp unter dem B. In der Karte sind die zweite und dritte Spitze nicht so auffällig, aber sie sind da. Also könnte man sagen, dass dieses Diagramm uns – auf etwas prosaische Weise – die Musik des Kosmos zeigt. Oder, etwas genauer ausgedrückt: Es zeigt uns den Oberwellengehalt des Kosmos.

Abbildung 3.3 ist eines der wichtigsten Diagramme der Kosmologie. Sie ist die Kulmination von mehr als fünf Jahrzehnten Forschungsarbeit von Wissenschaftlern in aller Welt. Am Anfang der Suche nach diesem Diagramm wusste

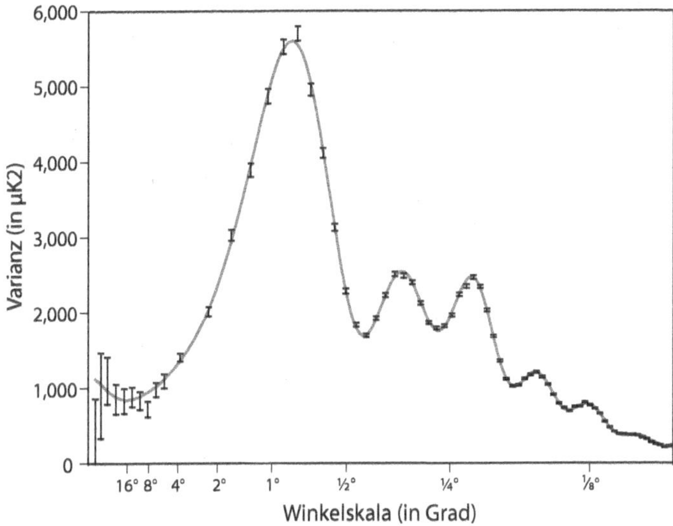

Abbildung 3.3 Das Energiespektrum der CMB-Anisotropie auf der Basis von Messdaten, die mit der WMAP-Sonde und dem Planck-Weltraumteleskop erfasst wurden. Die Varianz (das Ausmaß der Schwankungen) ist auf der y-Achse dargestellt, die Winkelgröße auf der x-Achse. Die Abstände zwischen den Markierungen an der x-Achse sind nicht gleichmäßig verteilt, sie verringern sich von einer Markierung zur anderen jeweils um die Hälfte. Das Maximum liegt in der Nähe von 1 Grad, was ungefähr dem Durchmesser des Hotspots im rechten Bild von Tafel 8a entspricht. Die graue Linie zeigt das am besten passende Modell, das auf den sechs Parametern basiert, die unser Universum beschreiben. Die senkrechten schwarzen Linien an jedem Punkt zeigen die jeweilige Messunsicherheit.

niemand, was wir finden würden oder auch nur, wie viel wir würden lernen können, wenn die Messdaten erst einmal vorlagen. Dagegen können wir heute jede kleine Unregelmäßigkeit und Abweichung bis ins letzte Detail deuten. Später werden wir das gesamte Diagramm interpretieren, doch um Ihnen erst einmal eine Vorstellung davon zu geben, was es uns mitteilen kann, werden wir anhand der Positionen und Amplituden der Maxima die Zusammensetzung des Universums ermitteln.

Dieses Diagramm ist so wichtig, dass wir es auch noch aus einer anderen Perspektive betrachten wollen. Zwar interpretiert die Analogie mit dem Equalizer das Diagramm in musikalischen Begriffen, doch tatsächlich zeigt uns die Kurve etwas über die Varianz in einer zweidimensionalen Temperaturkarte der CMB. Denken wir einmal über den räumlichen Aspekt nach. Stellen Sie sich vor, Sie sind weit vom Strand entfernt und blicken auf den Ozean hinaus. Stellen Sie sich vor, was Sie sehen würden, wenn Sie das Wellenmuster auf der Meeresoberfläche in einem Sekundenbruchteil einfrieren könnten. In dieser gefrorenen Meereslandschaft würden Sie große Wogen, mittelgroße Wellen und überall kleine Kräuselungen sehen. Diese eisige Weite entspricht der Anisotropiekarte, wobei die Höhenniveaus des gefrorenen Wassers die Temperaturvarianz im CMB darstellen. Die durchschnittliche Tiefe des Ozeans könnte die durchschnittliche Temperatur der CMB von 2725 Kelvin darstellen. In diesem gefrorenen Ozean sind die großen Wogen am längsten und am höchsten (jedenfalls, wenn Sie sich weit draußen auf dem Ozean und nicht in einem Sturm befinden), die mittelgroßen Wellen sind kürzer und mittelhoch, und die Kräuselungen haben die kürzesten Wellenlängen und die geringsten Höhen. Nehmen wir jetzt an, wir würden in einem Flugzeug sitzen und den gefrorenen Ozean von oben betrachten. Der Winkelabstand zwischen den Kämmen der Wogen wäre größer als der Winkelabstand zwischen den Wellenkämmen und wesentlich größer als der Winkelabstand zwischen den Kämmen der Kräuselungen. In einem Energiespektrumdiagramm wären die Wogen mit ihren großen Winkeln im linken Bereich der x-Achse, und in unserem Beispiel hätten sie einen hohen Wert auf der y-Achse. Die Wellen wären im mittleren Bereich der x-Achse und hätten einen mittleren Wert auf der y-Achse, und die Kräuselungen wären auf der rechten Seite der x-Achse und hätten den niedrigsten Wert auf der y-Achse. Sie sehen, wie aufschlussreich ein solches Diagramm ist: Es zeigt in kompakter Form, welche Eigenschaften die verschiedenen Arten von Fluktuationen – Wogen, Wellen, Kräuselungen und so weiter – auf der Oberfläche eines gefrorenen Ozeans haben. Konzeptionell unterscheidet sich das Erfassen des Energiespektrums der CMB nicht allzu sehr vom Erfassen des Energiespektrums der Meeresoberfläche. Das Maximum im CMB-Diagramm in der Nähe von 1 Grad entspräche ungewöhnlich hohen gefrorenen Wellen dieser Winkelgröße, wie wir sie aus dem Flugzeug sehen würden. Doch wir sollten die Analogie nicht überstrapazieren, da die CMB-Fluktuationen zufällig sind, die Fluktuationen des Ozeans – die Wellen – dagegen nicht.

Zuletzt wollen wir überlegen, wie wir dieses Diagramm entwickeln könnten. Das Verfahren selbst umfasst spezialisierte Algorithmen und wurde – wie die zugrunde liegenden Messverfahren – im Lauf der Jahre immer weiter entwickelt und verbessert. Doch es ist nicht gerade schwierig, einen Eindruck davon zu bekommen, wie die Algorithmen funktionieren. Die folgenden Einzelheiten sind für die anderen Abschnitte nicht wichtig, sollen es aber erleichtern, Abbildung 3.3 besser zu verstehen.

Zunächst nehmen wir eine Karte des Himmels, schneiden den Bereich ab, der durch das Streulicht der Milchstraße gestört ist, und schneiden den Rest der Karte in runde Scheiben von etwa 8 Grad Durchmesser (das entspricht 16 Vollmonddurchmessern). Für jede dieser Scheiben von 8 Grad Durchmesser berechnen wir die durchschnittliche Temperatur. Natürlich wird es innerhalb einer 8-Grad-Scheibe zahlreiche kleinere heiße und kalte Regionen geben, aber im Durchschnitt werden sie sich ausgleichen. Am Ende werden wir eine Reihe von Durchschnittstemperaturen für alle 8-Grad-Scheiben haben. Einige werden heißer als null sein, andere kälter. Wir interessieren uns nicht so sehr für die Durchschnittstemperaturen der Scheiben; wir wollen nur wissen, wie stark sie um den Nullpunkt herum streuen. Das übliche Verfahren, um das zu berechnen, besteht darin, den Durchschnitt aller Scheibentemperaturen von dem Wert jeder einzelnen Scheibe abzuziehen, den verbleibenden Teil jeder Scheibentemperatur zu quadrieren, weil sie dadurch alle positiv werden, und dann den Durchschnitt zu bilden. Das Ergebnis wird als »Varianz« bezeichnet und ist der Grund, warum die y-Achse des Diagramms die Einheit μK^2 hat. Jetzt wiederholen wir dieses Verfahren für eine Liste von vielleicht 100 unterschiedlichen Scheibengrößen, die von 16 Grad Durchmesser bis hinunter zu 1/8 Grad Durchmesser reichen. Da jede kleinere Scheibe die gesamte Varianz der nächstgrößeren Scheibe enthält und noch einiges mehr, müssen wir nun die gesamte Liste durchgehen und Eintrag 99 von Eintrag 100 subtrahieren, Eintrag 98 von Eintrag 99 und so weiter. Am Ende haben wir eine neue Liste, die nur diejenigen Varianzen enthält, welche jeweils nur mit der Winkelgröße jeder einzelnen Scheibe verknüpft sind. Am Ende gehen wir die Liste noch einmal durch und multiplizieren jeden Wert mit der Winkelgröße der betreffenden Scheibe. Anschließend tragen wir den Wert aus der neuen Liste an der y-Achse auf und den Scheibendurchmesser an der x-Achse. In groben Zügen wird das Diagramm, das dabei herauskommt, dem Diagramm in Abbildung 3.3 ähneln, wenn auch ohne die Details.

Wir sehen in der Abbildung auch, dass mehr passiert als nur die Schwankungen entlang der x-Achse mit den Winkelgrößen. Die anderen Maxima und Minima sind eine Folge der verschiedenen Arten, in denen das Plasma oszilliert und mit der Gravitationslandschaft interagiert. Jeder Datenpunkt in der Abbildung ist mit einer Ungewissheit behaftet, die durch den senkrechten »Fehlerbalken« dargestellt wird. Die geglättete Kurve, die durch die Daten verläuft, ist das Standardmodell der Kosmologie. Jetzt können Sie verstehen, warum die CMB-Anisotropie-Messdaten so aufschlussreich sind. Sie sind extrem genau und für das Modell restriktiv. Jedes denkbare theoretische Modell des Universums muss zu diesen Daten passen. Und wenn es nicht passt, muss es verworfen werden. Wenn ein Modell dieses Diagramm nicht prognostizieren kann, kommt es nicht infrage. Und jetzt können Sie auch verstehen, warum so gut wie alle Kosmologen davon überzeugt sind, dass unser Grundkonzept stimmt, auch wenn wir noch nicht alle Elemente des Modells bis ins letzte Detail verstanden haben. Im nächsten Abschnitt werden wir darauf eingehen, wie dieses Modell mit der grauen Linie in Abbildung 3.3 zusammenhängt.

Bevor wir fortfahren, wollen wir ein kurzes Gedankenexperiment machen, um unsere Karte der CMB-Anisotropie in einen größeren Zusammenhang zu stellen. Nehmen wir an, wir könnten 13,8 Milliarden Jahre alt werden und die gesamte Entwicklungsgeschichte des Kosmos miterleben. Vielleicht fragen Sie sich, wo der Urknall stattgefunden hat? Er fand überall gleichzeitig statt. Insbesondere geschah er genau dort, wo wir sind. Natürlich war das Universum damals viel dichter, aber aus unserer Sicht immer noch unendlich groß. Wenn wir unsere Stoppuhren gleich nach dem Urknall starteten, würden wir die Entstehung von Atomkernen der leichten Elemente nach 3 Minuten erleben, die Entkopplung nach 400.000 Jahren, die Entstehung der ersten Sterne nach 200 Millionen Jahren und so weiter. Nach der Entkopplung hatten die CMB-Photonen, die nun endlich frei waren, 13,4 Milliarden Jahre Zeit, um an den Rand des beobachtbaren Universums zu reisen. In unserer Umgebung rings um die Erde gab es ein Tal in der Gravitationslandschaft, sodass sich hier die Lokale Gruppe – einschließlich der Milchstraße – bilden konnte (siehe Seite 22, Abbildung 1.2). Überall im Weltraum fanden zur gleichen Zeit die gleichen physikalischen Prozesse statt, wenn auch manche Regionen unten in den Tälern, andere oben auf den Hügeln und die meisten anderen irgendwo dazwischenlagen.

Stellen Sie sich jetzt einmal vor, Sie würden sofort bis an den Rand des beobachtbaren Universums transportiert werden und zur Erde zurückblicken. Was würden Sie sehen? Die galaktische Umgebung rings um Sie herum wäre der Umgebung ähnlich, die wir jetzt um uns herum sehen. Denken Sie daran, dass das Universum in einem bestimmten Alter überall gleich aussieht. Ihre Umgebung würde sich in einigen Details ein bisschen unterscheiden – das heißt, Sie würden Galaxien sehen, die wir von der Erde aus nicht sehen können –, aber im Durchschnitt würde sie genauso aussehen.

Wenn Sie zurückblicken zur Erde und zu unserer Lokalen Gruppe, könnten Sie vielleicht eine wärmere CMB-Region erkennen, denn wie wir wissen, musste sich in unserer Umgebung Materie zusammenklumpen, um die Lokale Gruppe zu bilden. Wir sagen »könnten Sie vielleicht«, weil die Lokale Gruppe im Verhältnis zu einer typischen CMB-Fluktuation in ihrer Winkelausdehnung klein erscheinen würde. Aber Sie könnten keine Galaxien der Lokalen Gruppe sehen, weil deren Licht Sie noch nicht erreicht hätte.

Nachdem wir nun ein Gefühl für das Gesamtbild bekommen und gesehen haben, wie wir die Messdaten aus dem Kosmos auf physikalisch einleuchtende Weise interpretieren können, wird es Zeit, die Perspektive zu wechseln und die wichtigsten theoretischen Elemente des kosmologischen Standardmodells vorzustellen. Das wird einige etwas anspruchsvollere Konzepte aus der Physik erfordern, und vielleicht werden Sie ein bisschen mehr von dem, was Sie lesen werden, einfach glauben müssen. Doch die Belohnung dafür ist, dass wir zu einer Beschreibung der sechs kosmologischen Parameter kommen werden, die unser Universum und sämtliche bisher gewonnenen Messdaten seiner großräumigen Eigenschaften zutreffend charakterisieren. Das nächste Kapitel wollen wir damit beginnen, dass wir uns die Geometrie des Universums etwas genauer anschauen.

KAPITEL 4

DAS STANDARDMODELL DER KOSMOLOGIE

Die Geometrie des Universums

Eine der fundamentalen Eigenschaften des Universums ist seine Geometrie. Geometrie ist die Lehre von den Beziehungen zwischen Punkten, Linien, Winkeln, Flächen und so weiter. Wir wollen noch einmal zu unserem Konzept vom Raum zurückkehren. Wir haben festgestellt, dass der Raum mit unterschiedlichen Geschwindigkeiten expandieren kann. Außerdem ist er formbar und kann verdreht oder gekrümmt werden, wie wir am Beispiel der Gravitationslinsenbildung durch das Bullet-Cluster gesehen haben. Angesichts solcher Gravitationslinseneffekte war es nicht allzu weit hergeholt, sich den Raum in der näheren Umgebung eines massiven Objekts als gekrümmt vorzustellen. Aber jetzt wollen wir uns vorstellen, dass der gesamte dreidimensionale Raum in eine vierte räumliche Dimension gekrümmt ist, und das wird ein bisschen schwieriger.

Mitte des 19. Jahrhunderts zeigte der deutsche Mathematiker Georg Friedrich Bernhard Riemann, dass wir auch ohne Eintreten in die nächsthöhere Dimension erkennen können, ob wir uns in einem gekrümmten Raum befinden. Um seine Erkenntnis zu verstehen, werden wir mit zweidimensionalen Oberflächen arbeiten, die in den vertrauten dreidimensionalen Raum hineingekrümmt sind, wie nachfolgende Abbildung 4.1 zeigt. Stellen Sie sich vor, Sie wären eine Ameise, die auf der zweidimensionalen Fläche im mittleren Bild zwischen den drei Spitzen eines Dreiecks herumläuft. Stellen Sie sich die Fläche als sehr groß vor und die Ameise als sehr klein, mit vernachlässigbarer Körpergröße. Nehmen wir außerdem an, dass jegliche Bewegung nur auf dieser Fläche stattfinden kann. Wenn die Ameise den Umriss eines beliebigen Dreiecks auf einem flachen Blatt Papier abläuft und die Innenwinkel aufaddiert, erhält sie in der Summe 180 Grad. Das Blatt Papier hat eine »flache« Geometrie und der zweidimensionale Raum ist unendlich groß, was bedeutet, dass er keine Kanten hat.[25] Laut Konvention verwenden wir das Wort »flach« auch dann, wenn die Dreiecke mit beliebiger Ausrichtung im dreidimensionalen Raum liegen, also nicht wie auf einem flachen Blatt Papier.

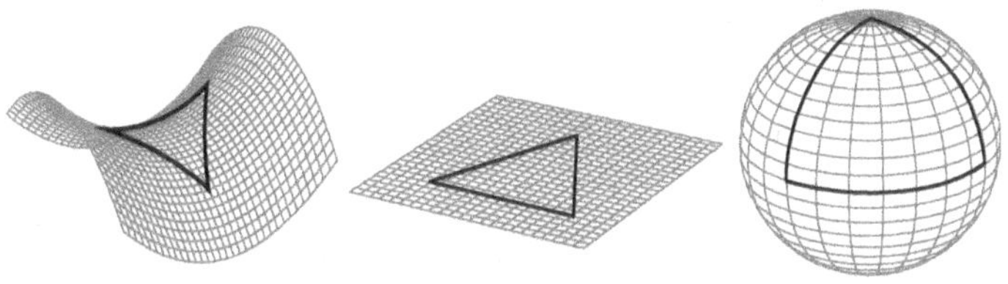

Abbildung 4.1 Beispiele für mögliche Geometrien von zweidimensionalem Raum. Links ist eine offene Geometrie zu sehen, die einer Sattelfläche ähnelt. Stellen Sie sich vor, dass sie sich unendlich weit fortsetzt. Die dicken schwarzen Linien bilden ein Dreieck, dessen Innenwinkel sich zu weniger als 180 Grad aufsummieren. In der Mitte ist eine flache Geometrie in der Art eines Blatt Papiers zu sehen. Stellen Sie sich auch hier vor, dass sie sich unendlich weit fortsetzt. Hier zeigen die dicken schwarzen Linien ein Dreieck, dessen Innenwinkel sich zu 180 Grad aufsummieren. Rechts ist eine kugelförmige, oberflächenartige Geometrie dargestellt. Diese Geometrie ist endlich. Hier bilden die dicken schwarzen Linien ein Dreieck, dessen Innenwinkel sich zu mehr als 180 Grad aufsummieren.

Betrachten wir nun eine kugelförmige (sphärische) Oberfläche. Sie ist ein Beispiel für einen endlichen und geschlossenen positiv gekrümmten Raum. Die Ameise könnte einen dreieckigen Weg vom Nordpol zum Äquator, einen Viertelkreis entlang des Äquators und dann zurück zum Nordpol zurücklegen. Anschließend würde sie feststellen, dass die Summe der Innenwinkel größer als 180 Grad ist; für diese spezifische Route würde sie 270 Grad ergeben. Je größer das Dreieck, desto größer ist die Summe der Innenwinkel. Wenn die Ameise in einen solchen Raum einen Laserstrahl hinausschießen würde, käme dieser zurück und träfe sie an der

Hinterseite, da in zwei Dimensionen der Laserstrahl darauf beschränkt ist, der sphärischen Oberfläche zu folgen.

Eine Sattelfläche ist ein Beispiel für einen offenen und negativ gekrümmten Raum. Im Gegensatz zu einer sphärischen Oberfläche ist die Sattelfläche – wie das flache Blatt Papier – unendlich groß. Würde die Ameise den Umriss eines Dreiecks auf der Sattelfläche ablaufen und die Innenwinkel zusammenzählen, würde sie feststellen, dass sie kleiner als 180 Grad sind. Wenn wir uns das Leder des Sattels als Raum vorstellen und versuchen würden, den Sattel auf eine ebene Fläche plattzudrücken, würden jede Menge Falten übrigbleiben. Ein offener, negativ gekrümmter Raum ist ein Raum, in dem es mehr freien Raum – mehr Leder – gibt, je weiter wir uns fortbewegen.

Genau dieses Verfahren, um die Gesamtgeometrie durch Messen der Summe der Innenwinkel eines Dreiecks auf einer zweidimensionalen Fläche zu bestimmen, funktioniert auch für einen dreidimensionalen Raum, der in eine vierte räumliche Dimension hineingekrümmt ist. Um die Geometrie unseres dreidimensionalen Raums zu ermitteln, müssen wir lediglich einen großen, dreieckigen Pfad ablaufen und die Innenwinkel aufsummieren. Lokal könnten wir das tun, indem wir ein Dreieck aus Sonne, Mond und Erde bilden und die Innenwinkel messen, aber der beste Test ist, ein sehr großes Dreieck zu bilden. Die CMB eröffnet uns eine Möglichkeit, das zu tun, aber in einem kosmischen Maßstab.

Vielleicht erinnern Sie noch aus dem Geometrieunterricht in der Schule, dass drei Angaben gebraucht werden, um alle Winkel in einem Dreieck zu bestimmen. Das können zum Beispiel die Längen von zwei Seiten und einer der Winkel sein. CMB-Hot- oder Coldspots bilden eine Seite des Dreiecks. Letztlich bilden wir den Durchschnitt aus den Größen aller Flecken. Wie im vorigen Abschnitt beschrieben, können wir die durchschnittliche physische Ausdehnung eines Hot- oder Coldspots, zum Beispiel in Lichtjahren, genau berechnen. Mithilfe unserer CMB-Karten können wir die durchschnittliche Winkelgröße solcher Flecken sehr genau messen, wie Abbildung 3.3 (siehe Seite 131) und die Tafeln 8a und 8b (siehe Bildteil) zeigen. Wir brauchen noch eine weitere Angabe, um das Dreieck, das vielleicht einen Hotspot auf der anderen Seite hat, vollständig zu bestimmen. Auch wenn es vielleicht nicht gerade offensichtlich ist, handelt es sich bei dieser Angabe um die Hubble-Konstante, weil sie die physische Ausdehnung des Hotspots mit der Entfernung zum Hotspot verknüpft. Das Ergebnis der Berechnung ist, dass die Summe der Innenwinkel 180 Grad beträgt. Das heißt, dass die Geometrie des Universums innerhalb der Grenzen des Messbaren »flach« ist.

Mithilfe einer einfachen Berechnung können wir ein Gefühl dafür bekommen, wie die Teile zusammenpassen. Weiter oben haben wir festgestellt, dass der berechnete Durchmesser eines Hotspots bei der Entkopplung etwa

900.000 Lichtjahre beträgt. Seither hat sich das Universum beinahe um den Faktor 1100 ausgedehnt, sodass dieser Hotspot heute einen Durchmesser von 990 Millionen Lichtjahren hat. Seine Winkelgröße wird mithilfe der WMAP- und Planck-Satelliten als etwa 1,2 Grad gemessen. Daraus errechnen wir die Entfernung zur Entkopplungsschicht als etwa 46 Milliarden Lichtjahre, was wir als den Radius des beobachtbaren Universums erkennen.[26] Wäre die Geometrie des Universums geschlossen, hätten wir für die Flecken eine größere Winkelgröße gemessen; wäre sie offen, hätten wir eine kleinere gemessen. Es passt alles zusammen!

Kurz zusammengefasst können wir sagen, dass die Geometrie des Universums der Geometrie entspricht, die viele von uns in der Schule gelernt haben. Sie ist die einfachste denkbare Geometrie. Sie ist das, was man erwarten würde, wenn man noch nie etwas von Einstein oder Riemann gehört hätte. Wichtiger ist aber, dass diese Geometrie durch Messungen festgestellt wurde und mit verschiedenen Arten von Messungen des Universums verifiziert werden kann.

Die Keime der Strukturbildung

Die allerersten Momente in der Entwicklungsgeschichte des Universums haben wir noch nicht gänzlich verstanden. Und zwar, weil es noch keine grundlegende Theorie gibt, welche die Gravitation mit dem Standardmodell der Teilchenphysik verbindet. Stattdessen haben wir »effektive Theorien« und Paradigmen, welche tief in der bereits bekannten Physik verwurzelt sind und die uns vorliegenden Beobachtungen erklären können. Die bekannteste dieser Theorien ist die sogenannte »Inflation«. Wir streifen hier einige Aspekte davon, aber bitte bedenken Sie, dass dies nach wie vor ein sehr aktives Gebiet der theoretischen Forschung ist.

Bevor das Inflationsmodell konzipiert wurde, lautete eines der großen Rätsel des Kosmos, »Warum sind die Eigenschaften des Universums in zwei entgegengesetzten Richtungen so ähnlich?«. Um es konkret zu machen, nehmen wir als entgegengesetzte Richtungen den Himmelsnordpol und den Himmelsüdpol und überlegen, wieso die CMB in beiden Richtungen die gleiche Temperatur haben kann. Nach dem von uns entwickelten Modell erreicht uns das Licht von beiden Seiten des beobachtbaren Universums gerade erst jetzt. Keine Information kann schneller als Licht reisen, also gibt es keine Möglichkeit, dass Strahlung aus nördlicher Himmelsrichtung an uns vorbeikommen und sich darauf auswirken könnte, was wir in südlicher Himmelsrichtung sehen, und umgekehrt. Und trotzdem haben beide Seiten fast die gleiche Temperatur, nämlich 2725 Kelvin, und die gleichen Eigenschaften.

Nach dem Inflationsmodell hatte der Raum in der Anfangszeit des Universums, noch bevor es irgendwelche Teilchen gab, eine enorme Energiedichte. Zugleich mit dieser Energiedichte herrschte ein riesiger Druck, der den Raum in einem unvorstellbar hohen, exponentiell zunehmenden Tempo sich ausdehnen ließ – oder anders ausgedrückt, eine Expansion verursachte. Stellen wir uns vor, dass wir zu Beginn dieses Prozesses zwei Regionen haben – nennen wir sie Alice und Bob –, die direkt aneinandergrenzen und Informationen austauschen. Nach dem Inflationsmodell wird der Raum zwischen Alice und Bob so schnell geschaffen, dass sie nicht mehr miteinander kommunizieren können. Sie trennen sich mit einem Tempo, das höher als die Lichtgeschwindigkeit zu sein *scheint*. Bald sind sie weiter voneinander entfernt – vielleicht sogar um ein Vielfaches weiter –, als die Distanz, über die hinweg sie dann noch gegenseitig Auswirkungen auf den jeweils anderen haben könnten.

Die Inflation vollzieht sich innerhalb einer extrem kurzen Zeitspanne, die sehr grob geschätzt vielleicht ein Milliardstel eines Milliardstel eines Milliardstel einer Milliardstelsekunde beträgt. Nachdem die Inflation endet, verlangsamt sich die Expansion des Universums. Je älter es wird, desto größer wird das beobachtbare Universum, da wir immer weiter in die Ferne schauen können. Früher oder später kommen Alice und Bob in Sicht, Alice etwa in Richtung des Himmelsnordpols und Bob im Süden. Jetzt haben wir einen Mechanismus, mit dem wir erklären können, warum gegenüberliegende Seiten des Universums gleich aussehen können. Sie haben schon sehr, sehr früh miteinander kommuniziert, wurden während der Inflationsepoche extrem weit voneinander getrennt und tauchen erst jetzt in unserem beobachtbaren Universum auf. Darüber hinaus brauchen wir einen Mechanismus, um zu erklären, warum sie sich nicht separat weiterentwickelt haben, während sie außerhalb unserer Sichtweite waren, aber auch diese Frage beantwortet das Modell.

Es gibt zahlreiche Varianten des Inflationsmodells, doch die einfachste davon hat zwei weitere Aspekte, die für die CMB eine Rolle spielen. Der Erste davon besagt, dass das Universum geometrisch flach sei, zumindest innerhalb einer Messgenauigkeit von einem Zehntausendstel. Das entspricht dem Versuch herauszufinden, ob ein Stab von 1 Meter Länge völlig flach ist, oder ob er über seine Länge um 100 Mikrometer nach oben gebogen ist. Da das Inflationsmodell bereits vorgeschlagen wurde, bevor die betreffenden Messungen vorlagen, gewann es eine Menge an Überzeugungskraft, als die gemessenen Daten zeigten, dass das Universum tatsächlich eine flache Geometrie hat. Selbst wenn die ursprüngliche Geometrie beispielsweise positiv gekrümmt gewesen wäre, hätte die Inflation sie dermaßen weit gedehnt, dass sie jetzt praktisch flach wäre. Es ist nicht schwer, sich das in zwei Dimensionen vorzustellen: Wenn man auf der Oberfläche einer Kugel wie der Erde steht, ist relativ leicht zu erkennen, dass ihre Oberfläche gekrümmt ist. Wäre aber ihr Radius eine Milliarde Milliarden Mal größer, wäre es sehr viel schwieriger zu erkennen, ob man sich auf einer Kugel befindet. Bis an die Grenzen der Messgenauigkeit ist unsere Geometrie flach, aber wir können nicht mit letzter Sicherheit ausschließen, dass sie vielleicht doch ein winziges bisschen positiv oder negativ gekrümmt sein könnte.

Der zweite Aspekt ist, dass das Inflationsmodell einen Mechanismus vorsieht, der die Bildung von Keimen für kosmische Strukturen erklärt. Die Ursache für die Entstehung solcher Keime sind Quantenfluktuationen in der primordialen Energiedichte. Was sind Quantenfluktuationen? Wir können sie uns als winzige lokalisierte Energiefluktuationen im subatomaren Maßstab vorstellen. Quantitativ werden sie durch die Heisenbergsche Unschärferelation verstanden. Nehmen wir an, wir haben im Labor mit der denkbar stärksten Pumpe das optimale Vakuum erzeugt und aus einem Behälter mit einem bestimmten Volumen auch noch das allerletzte Atom herausgepumpt. Das ist zwar physisch nicht möglich, aber wir können es uns ja vorstellen. Selbst in einem solchen völlig leeren Behälter entstehen auf subatomarer Ebene ständig sogenannte virtuelle Teilchen, die dann innerhalb einer Zeitspanne, die umgekehrt proportional zu ihrer Energie ist, wieder verschwinden. Im Vakuum herrscht also rege Aktivität. Das mag vielleicht ein bisschen abwegig erscheinen, doch die Wirkung des aufgewühlten Vakuums auf Atome lässt sich sehr genau berechnen und messen, sobald wir einige davon wieder in unseren Behälter zurückgelassen haben. Bei Laborexperimenten sind Quantenfluktuationen ein wohlbekanntes Phänomen.

Das Inflationsmodell besagt, dass Quantenfluktuationen in der primordialen Energiedichte durch die Inflation des Raums auf kosmische Dimensionen ausgedehnt wurden. Solche Fluktuationen im primordialen Feld sehen wir heute als die Gravitationslandschaft, welche die Hot- und Coldspots in der CMB hervorgebracht hat. Das bedeutet, dass wir, wenn wir die CMB betrachten, direkt auf eine Manifestation von Quantenprozessen blicken. Die zufällige Verteilung von Hot- und Coldspots im Raum ist ein Ergebnis unserer quantenmechanischen Ursprünge. Normalerweise assoziieren wir Quantenprozesse mit Vorgängen auf atomarer oder subatomarer Ebene; das ist auch nach wie vor so, aber durch die Inflation wurde der Raum so stark ausgedehnt, dass die Quantendimension zur kosmischen Dimension wird – ein atemberaubendes Konzept.

Die Expansion infolge der Inflation ähnelt der Expansion gemäß der kosmologischen Konstante, über die wir bereits gesprochen haben, aber während der Inflation herrschte ein viel größerer Druck. Vielleicht gehen diese Prozesse auf verwandte Ursprünge zurück; wir wissen es nicht. Es kann auch sein, dass Inflation nicht das richtige Paradigma ist. Es ist durchaus möglich, dass das Universum Expansionszyklen durchläuft und wir uns lediglich in einem dieser Zyklen befinden. Aber selbst in diesem Fall kann der Ursprung der CMB-Anisotropie auf Quantenfluktuationen zurückgeführt werden.

Kehren wir noch einmal zu den CMB-Anisotropiekarten in Tafel 7 zurück. Wir können sie jetzt aus einer neuen Perspektive betrachten: Diese Karten zeigen Quantenprozesse, die heute riesengroß quer über den Himmel geschrieben sind. Es ist fast so, als würde die Evolution des Universums wie ein Mikroskop fungieren, das uns unsere quantenmechanischen Ursprünge zeigt.

Das Gesamtbild

Der CMB auf den Grund zu gehen, hat uns zwar den Weg zu einem Verständnis des Universums gewiesen, doch es gibt noch viele andere Herangehensweisen, um das Universum zu studieren. Die Kosmologie ist ein weites Feld. Die Physik, die dabei zur Anwendung kommt, umfasst alles – von der allgemeinen Relativitätstheorie über die Thermodynamik bis hin zur Elementarteilchentheorie. In fast allen Wellenlängenbereichen, die für Messungen zugänglich sind, werden Beobachtungen gemacht, und auch mithilfe von Teilchendetektoren der neuesten Generation wird geforscht. Die so gewonnenen Erkenntnisse stammen sowohl aus unserer näheren Umgebung als auch aus den entlegensten Regionen des Weltalls. All diese Daten und Theorien fließen in das erstaunlich einfache Standardmodell der Kosmologie ein. Bevor wir dieses Modell zusammenfassend beschreiben, wollen wir noch zwei wichtige Grenzgebiete der Forschung streifen, auf die wir bisher noch nicht näher eingegangen sind.

Der probateste Ansatz für kosmologische Forschungen ist das Observieren von Galaxien. Wie wir gesehen haben, konnten Edwin Hubble und Georges Lemaître auf diese Weise den Nachweis führen, dass das Universum expandiert. Neben Teleskopen wie dem Hubble-Weltraumteleskop, die sehr weit und mit hoher Auflösung in eine bestimmte Richtung schauen können, gibt es andere Instrumente, welche die Eigenschaften von vielen Millionen Galaxien über mehr als ein Drittel des Himmelsgewölbes erfassen. Das Bekannteste von ihnen ist wohl das Sloan Digital Sky Survey. Aus dieser und ähnlichen Quellen haben wir heute Karten der dreidimensionalen Verteilung von Galaxien in einem großen Teil des beobachtbaren Universums. Wir können detailliert sehen, wie Galaxien verklumpen. Wir können erkennen, wie das Licht von weit entfernten Galaxien durch den gekrümmten Raum gebeugt wird, wenn es auf seinem Weg zu uns an den dazwischenliegenden Galaxien vorbeikommt. Wenn wir über große Raumvolumen den Mittelwert bilden, können wir sogar erkennen, dass es eine charakteristische Größe für das Verklumpen von Galaxien gibt, die den durchschnittlichen Größen der CMB-Hot- und Coldspots in Tafel 8a entspricht. In Bezug auf Galaxien wird diese spezielle Spotgröße als »durch baryonische akustische Oszillation induzierte Längenskala« bezeichnet. Um es zu betonen: Die Signatur der physikalischen Prozesse, welche die Hot- und Coldspots in der CMB erzeugt haben, lässt sich auch in der Verteilung von Galaxien nachweisen.

Ziemlich unabhängig von Galaxie- und CMB-Observationen hat ein Team von Kosmologen die kernphysikalischen Vorgänge während der ersten drei Minuten des Universums in einer Studie mit dem Titel »Big Bang Nucleosynthesis« berechnet. Die Inputs für ihre Berechnungen waren die CMB-Temperatur und die nuklearen Interaktionsraten, wie sie in Laborexperimenten gemessen wurden. Die Outputs waren die Häufigkeiten der leichtesten Elemente: Wasserstoff, Deuterium, Helium, Lithium und Beryllium. Der erste Atomkern, der sich bildete, war das Deuteron, der Atomkern von Deuterium – er besteht einfach nur aus einem Proton und einem Neutron. Innerhalb der ersten 100 Sekunden nach dem Urknall wurde jedes Deuteron, das sich bilden wollte, durch energiereiche Photonen aufgespalten, die einer Temperatur von über 1 Milliarde Kelvin entsprachen. Nach 100 Sekunden hatte das Universum sich so weit ausgedehnt und abgekühlt, dass die Kräfte, die Proton und Neutron zusammenhalten, den Kollisionen mit Photonen, die sie zu zerreißen drohten, standhalten konnten. Daher konnte das Deuteron intakt fortbestehen. In den folgenden circa 100

Sekunden wurde das Deuterium durch eine Reihe von nuklearen Prozessen in Helium umgewandelt. Vor Ablauf von 1000 Sekunden bildeten sich die anderen leichten Atomkerne. Der Prozess war ein Wettstreit zwischen der Kraft, die Neutronen und Protonen aneinanderbindet, den Photonen, die durch die Expansion des Universums ihre Energie verlieren, und der 10-minütigen Zerfallszeit des Neutrons.

Die wichtigsten Vorhersagen der Nukleosynthese-Berechnungen sind die Anteile der verschiedenen Atome am Kosmos insgesamt. Wie Sie sich vielleicht anhand der vorliegenden Erklärungen denken können, besteht eine enge Beziehung zwischen der Energie der Photonen und der Anzahl der Atomkerne, die entstehen. Damit die prognostizierte Menge an Atomkernen zu den empirischen Beobachtungen passt, müssen für jedes Proton etwa zwei Milliarden Photonen existiert haben. Diese Photonen sind natürlich die CMB.

Die Berechnungen lassen erwarten, dass es sich bei den Atomen im Universum hauptsächlich um Wasserstoff (75 Prozent der Masse) und Helium (25 Prozent der Masse) handelt und die anderen Elemente nur in verschwindend geringen Mengen vorkommen. Diese Verteilung ist nicht nur im Kosmos insgesamt zu beobachten, sondern auch unsere Sonne besteht zu 75 Prozent aus Wasserstoff und zu 25 Prozent aus Helium. Die Berechnungen zeigen, dass Elemente, die schwerer sind als Beryllium, in der Frühzeit des

Universums nicht entstanden sein können. Im Großen und Ganzen passen die beobachteten Häufigkeiten der leichten Elemente im Kosmos zu dem, was man aus der CMB folgern würde – allerdings mit einer Ausnahme: Lithium. Davon wurde weniger gefunden als erwartet. Vermutlich zehrten die frühen Sterne viel Lithium auf, doch die Diskrepanz zwischen Erwartungen und Messdaten könnte auch bedeuten, dass es ein Element der Berechnungen oder des Modells gibt, das wir übersehen.

Wir fassen die sechs Parameter[27] des Standardmodells der Kosmologie zusammen. Die spezifischen Werte, die wir hier angeben, resultieren aus der Anpassung der grauen Linie in Abbildung 3.3 (siehe Seite 131) an die tatsächlich gemessenen CMB-Daten. Die Werte schwanken nur unwesentlich, und die Ungewissheiten verringern sich, wenn zusätzliche Datenbestände – etwa die Galaxienverteilung – mit den CMB-Daten kombiniert werden. Wir verwenden die spezifischen Symbole für die Parameter so, wie sie in der wissenschaftlichen Literatur gebräuchlich sind.

Eine der Prämissen des Modells besagt, dass der Kosmos eine flache Geometrie hat. Wir haben bereits gezeigt, dass wir CMB-Messdaten in Verbindung mit der Hubble-Konstante heranziehen könnten, um zu zeigen, dass die Geometrie des Universums flach ist. Wenn wir die Berechnungen durchführen, passt das Ergebnis tatsächlich zu einer flachen Geometrie. Anstatt jedoch die Geometrie zum Bestandteil der Kurvenanpassung zu machen, gehen wir von einer flachen Geometrie aus und leiten die Hubble-Konstante ab. Das eröffnet uns die Möglichkeit, die aus der CMB abgeleitete Hubble-Konstante – also aus der Frühzeit des Universums – mit der Hubble-Konstante zu vergleichen, wie sie direkt aus der Rezession von Galaxien im Verhältnis zu ihrer Entfernung gemessen wurde. Die beiden Werte stimmen zwar sehr gut überein, aber nicht perfekt. Auch dies könnte ein Hinweis darauf sein, dass ein Element des Modells übersehen wurde – eine faszinierende Möglichkeit –, oder dass es systematische Fehler in den Messverfahren geben könnte. Diese Frage ist offen. Zum Glück gibt es aber auch noch andere Möglichkeiten, die Geometrie des Kosmos zu verifizieren, und auch sie liefern das Ergebnis, dass diese tatsächlich innerhalb der Grenzen des Messbaren flach ist.

Die ersten drei Parameter sagen uns etwas über die Zusammensetzung des Universums. Sie werden als Anteil vom Ganzen angegeben, wie die Stücke in einem typischen Tortendiagramm, wie bereits im Buch beschrieben.

1. Atome machen etwa 5 Prozent des Universums aus. In dem CMB-Anisotropiespektrum aus Abbildung 3.3 (siehe Seite 131) liefert das Verhältnis der Höhe des ersten zum zweiten Maximum ein Maß für die Dichte an Atomkernen in der Frühzeit des Universums. Es ist nicht ohne Weiteres offensichtlich, warum das so sein sollte

und wurde erst klar, als bekannt war, wie die Kurve in Abbildung 3.3 zu berechnen ist. Der aus der CMB-Anisotropie ermittelte Wert entspricht dem Wert aus der Urknall-Nukleosynthese. Die Tatsache, dass der Stoff, aus dem wir gemacht sind, nur 5 Prozent der Nettoenergiedichte des Kosmos ausmacht, eröffnet eine neue Perspektive auf unseren Platz im Universum. Wir bezeichnen diesen Anteil mit dem griechischen Buchstaben Omega und schreiben $\Omega_{\text{atoms}} = 0{,}05$.

2. Dunkle Materie macht 25 Prozent des Universums aus. Im CMB-Anisotropiespektrum liefert das Verhältnis der Höhe des ersten zum dritten Maximum ein Maß für die Dichte an Dunkler Materie. Auch das ist nicht offensichtlich und wurde erst verstanden, als wir wussten, wie die graue Kurve in Abbildung 3.3 zu berechnen ist. Bemerkenswerterweise stimmt die aus der CMB-Anisotropie errechnete Menge an Dunkler Materie mit dem Wert überein, der aus den in Abschnitt 2.2 behandelten Observationsdaten der Bewegungen von Sternen und Galaxien errechnet wurde, doch der Wert aus der CMB ist wesentlich genauer. Da die CMB aus der Zeit der Entkopplung stammt, sagt uns das dritte Maximum außerdem, dass es schon in der Frühzeit des Universums Dunkle Materie gab.[28] In der Natur muss es aus der Zeit des Urknalls Elementarteilchen geben, die bisher noch nicht im Labor nachgewiesen werden konnten. Um den Anteil der

Dunklen Materie am Universum anzugeben, schreiben wir $\Omega_{DM} = 0,25$. Darüber hinaus erkennen wir, dass der Stoff, aus dem wir gemacht sind, nur ein Sechstel der gesamten Masse im Universum ausmacht.

3. Die kosmologische Konstante macht 70 Prozent des Universums aus. Wir wissen nicht, was sie ist, aber wir haben ihre Präsenz durch die Beschleunigung der Expansion des Kosmos direkt gemessen. Aus der CMB bestimmen wir sie aufgrund der Position des ersten Maximums in Abbildung 3.3. Der Wert aus der Beobachtung von Supernovae stimmt mit dem Wert aus der CMB überein. Wir schreiben $\Omega_{\Lambda} = 0,70$.

Natürlich gibt es noch andere Bestandteile, etwa die CMB-Strahlung selbst und den Masseanteil von Neutrinos. Wir wissen, dass sie vorhanden sind, aber sie sind nicht so signifikant, dass sie bei der heute möglichen Genauigkeit in die Gesamtmenge miteinbezogen werden müssten.

Der nächste Parameter ist derjenige, der am meisten mit Astrophysik zu tun hat. Er erfasst unser eher spärliches Wissen über den ganzen komplexen Prozess der Bildung und des späteren Explodierens der ersten Sterne und der Bildung der ersten Galaxien. Durch das intensive Licht dieser frühen Sterne und Galaxien wurde der vorhandene Wasserstoff in seine Bestandteile Protonen und Elektronen zerlegt, wodurch das Universum reionisiert wurde. Mit der heute möglichen Genauigkeit brauchen wir nur einen Parameter, um einen Prozess zu erklären, der sich zweifellos eines Tages als sehr vielschichtig erweisen wird.

4. Im Zuge der Reionisierung wurden etwa 5 bis 8 Prozent der CMB-Photonen neu gestreut. In der Analogie, die wir oben verwendet haben, um die Entkopplung zu beschreiben, ist das ungefähr so, als ob ein bisschen Nebel aufziehen würde. Nicht zu viel davon – ein fernes Ufer könnte man immer noch sehen –, aber die Sicht wäre nicht mehr ganz klar. Das Symbol τ (der griechische Buchstabe Tau), das die Streuung beschreibt, wird als »optische Tiefe« bezeichnet. Wir messen $\tau = 0{,}05$ bis $0{,}08$. Aber τ lässt sich nicht anhand der Temperaturanisotropie allein bestimmen; außerdem ist es notwendig, die Polarisation der CMB zu messen (ein Thema, das wir nicht behandelt haben). Die Polarisation ist neben Intensität und Wellenlänge eine der drei Eigenschaften einer Lichtwelle. Sie gibt an, in welcher Richtung die Lichtwelle schwingt. Zum Beispiel ist Licht, das von der Motorhaube Ihres Autos reflektiert wird, horizontal polarisiert. Das bedeutet, dass die Lichtwelle horizontal hin- und herschwingt. Eine polarisierte Sonnenbrille blockiert diese Schwingungsrichtung und verhindert so die damit einhergehende Blendung durch reflektiertes Licht. In ähnlicher Weise streuen und polarisieren die bei der Re-

ionisierung frei werdenden Elektronen die CMB. Wenn man die CMB mit einer polarisierten »Sonnenbrille« betrachten könnte, würde sie etwas anders aussehen als ohne eine solche Brille. In Abbildung 3.3 (siehe Seite 131) bewirkt die Reionisierung eine allgemeine Dämpfung des gesamten Spektrums, mit einer minimal stärkeren Dämpfung bei den größten Winkelgrößen. Die optische Tiefe ist der am wenigsten bekannte der kosmologischen Parameter.

Die nächsten beiden Parameter charakterisieren die Keime der Fluktuationen, aus denen alle Strukturen im Universum hervorgegangen sind. Die Konzepte, auf denen diese Parameter beruhen, würden den Rahmen dieses Buches sprengen, sollen aber hier der Vollständigkeit halber erwähnt werden. Solche Keime brachten das CMB-Anisotropiespektrum und die Fluktuationen der Materiemenge in kugelförmigen Regionen mit einem Durchmesser von 25 Millionen Lichtjahren, wie sie in Kapitel 1 erörtert wurden, hervor. Diese primordialen Fluktuationen werden durch das »primordiale Energiespektrum« beschrieben. Es ist dem CMB-Anisotropie-Energiespektrum (siehe Seite 131, Abbildung 3.3) vergleichbar, beschreibt aber nicht die Entkopplungsschicht, sondern Dichtefluktuationen im dreidimensionalen Raum. Wenn wir uns heute verschiedene Regionen des Kosmos ansehen, stellen wir fest, dass die dreidimensionale Dichtevarianz groß ist – in manchen Regionen gibt es Galaxien, in anderen Galaxienhaufen und in wieder anderen fast gar nichts. Bevor es erkennbare Objekte gab, waren die Dichtefluktuationen viel geringer. Wie oben erwähnt, lag der Kontrast zum Zeitpunkt der Entkopplung bei einem Hunderttausendstel. Wir können das primordiale Energiespektrum nutzen, um die Dichtefluktuationen am Anfang der kosmischen Expansion zu quantifizieren.

5. Die Amplitude des primordialen Energiespektrums wird mit dem beeindruckenden Symbol $\Delta^2 R$ gekennzeichnet. Wenn wir ein vollständiges Modell des Universums hätten, das mit den Quantenfluktuationen beginnt und beispielsweise die Materiefluktuationen in kugelförmigen Regionen von 25 Millionen Lichtjahren Durchmesser vorhersagen könnte, wären wir in der Lage, diese Amplitude $\Delta^2 R$ zu den übrigen physikalischen Vorgängen in Beziehung zu setzen, und ihr Wert wäre bekannt. Wir haben zwar ein sehr erfolgreiches Gerüst eines solchen Modells, aber leider kennen wir noch nicht alle Zusammenhänge. Daher benötigen wir diesen Wert als Parameter.
6. Der letzte Parameter, der sogenannte »skalare Spektralindex« oder *ns*, ist am schwierigsten zu verstehen, bietet aber auch den besten Blick auf die Geburt des Universums. Wie $\Delta^2 R$ sagt er uns etwas über die primordialen Fluktuationen. Allerdings sagt er nichts über deren Gesamt-

amplitude aus, sondern zeigt uns nur, wie die primordialen Fluktuationen von der Winkelgröße abhängen. Um das besser zu verstehen, kehren wir noch einmal zu unserer Analogie aus der Musik zurück, die wir herangezogen haben, um Abbildung 3.3 zu beschreiben. Lassen wir für den Moment die Maxima und Minima in diesem Spektrum außer Acht, aus denen wir so viel erfahren haben, und stellen uns vor, die Grafik würde lediglich »weißes Rauschen« darstellen. Dann würden sämtliche Datenpunkte auf einer waagerechten Geraden liegen, und alle Frequenzen (alle Winkelgrößen) hätten die gleiche empfundene Lautstärke (beziehungsweise an der y-Achse gemessene Varianz). Der Parameter *ns* ermöglicht es uns, zwischen »weißem Rauschen« und zum Beispiel »rosa Rauschen« zu unterscheiden, bei dem die Bässe etwas mehr Lautstärke haben als die Höhen.[29] Aufgrund der CMB-Messdaten stellen wir fest, dass die primordialen Fluktuationen, die »Keime«, bei großen Winkelgrößen eine minimal größere Amplitude haben als bei kleineren Winkelgrößen. Das heißt, dass das primordiale kosmische Rauschen ein bisschen rosa ist. Als begonnen wurde, die Bildung von kosmischen Strukturen zu erforschen, ging man zunächst davon aus, dass der skalare Spektralindex aus allgemeinen Erwägungen heraus gleich eins ist: *ns* = 1. Nach seinen Entdeckern wurde dieses Spektrum das Harrison-Zel'dovich-Peebles-Spektrum genannt. Dieser Wert des Spektralindex entspricht einem weißen Rauschen. Dann, Anfang der 1980er-Jahre, erkannten Wjatscheslaw Muchanow und Gennady Chibisov, dass diese Größe aus grundlegenden quantenmechanischen Prinzipien berechnet werden kann, die bei der Entstehung des Universums wirksam waren. Heute wissen wir, dass der Index um etwa 5 Prozent von 1 abweicht, was bedeutet, dass $ns = 0{,}95$ beträgt, was einem leichten »Rosa« entspricht. Dies ist der Beleg dafür, dass die gesamte Struktur des Universums durch Quantenprozesse entstand, die sich zu einer Zeit abspielten, als das Universum so kompakt und energiereich war, dass noch keine der heute bekannten Elementarteilchen existierten.

Mit diesen sechs Parametern können wir die Eigenschaften und das Spektrum (die graue Linie in Abbildung 3.3, siehe Seite 131) nicht nur für die CMB, sondern für jede kosmologische Messung berechnen. Wir können das Alter des Universums berechnen. Die uns am stärksten einschränkende einzelne Beobachtung ist die CMB-Anisotropie, aber das Standardmodell ist mit allen Messdaten vereinbar. Kurzum: Ganz gleich, wie wir den Kosmos erforschen – mithilfe der Kartierung von Galaxien oder anhand explodierender Sterne, der Häufigkeit der leichten Elemente, der Geschwindigkeiten von Galaxien oder der CMB –, wir brauchen nur die sechs oben genannten Parameter und die in den vorstehenden Abschnitten erklärten physikalischen Prozesse, um zu beschreiben, was wir beobachten.

Im Jahr 1970 schrieb Allan Sandage einen Artikel mit dem Titel »Kosmologie: Eine Suche nach zwei Zahlen« für das Wissenschaftsjournal *Physics Today*. Heute wissen wir, dass wir sechs Zahlen brauchen – aber mit ihnen können wir mehr erklären, als Sandage es für möglich gehalten hätte. Was bedeutet es, etwas so einfach und so quantitativ beschreiben zu können? Es bedeutet, dass wir verstehen, wie die Teile des Puzzles, über die wir in den Kapiteln 1 bis 3 gesprochen haben (und andere), sich zu einem Ganzen zusammenfügen. Wir verstehen einige fundamentale Zusammenhänge im Reich der Natur. Doch es bedeutet auch, dass wir eines Besseren belehrt werden können, und zwar nicht durch andere Argumente, sondern durch ein besseres quantitatives Modell, das eine größere Anzahl von Aspekten der natürlichen Ordnung beschreibt. Es gibt nur wenige von Wissenschaftlern untersuchte Systeme, die so einfach, so vollständig und so genau beschrieben werden können. Wir können uns glücklich schätzen, dass das beobachtbare Universum eines davon ist.

KAPITEL 5

GRENZBEREICHE DER KOSMOLOGISCHEN FORSCHUNG

Das Standardmodell der Kosmologie ist so erfolgreich, dass es heute ein Fundament bildet, von dem aus wir nach Unstimmigkeiten Ausschau halten können. Durch präzisere Messungen der CMB werden wir zum Beispiel erfahren, welche Gesamtmasse alle Neutrinos haben. Vielleicht werden wir feststellen, dass es residuale Gravitationswellen aus der Geburtszeit des Universums gibt, die den Kosmos heute noch durchdringen. Vielleicht werden wir feststellen, dass die kosmologische Konstante nicht konstant ist, oder dass die allgemeine Relativitätstheorie modifiziert werden muss. Vielleicht ist das Universum geometrisch nicht ganz flach. Vielleicht haben die Fluktuationen eine etwas andere Form und ein etwas anderes Spektrum als das, was wir heute messen. Vielleicht werden wir ein neues Elementarteilchen aus der Frühzeit des Universums entdecken. Um solche Entdeckungen machen zu können, brauchen wir präzisere Daten. Bevor wir auf fünf besonders aktive oder vielversprechende Grenzbereiche der kosmologischen Forschung näher eingehen – nämlich die Gesamtmasse aller Neutrinos, Gravitationswellen, die physikalischen Prozesse, die der Bildung von Strukturen zugrunde liegen, das Entdecken von Galaxienhaufen und die Suche nach subtilen Variationen im CMB-Temperaturspektrum –, stellen wir zunächst eine neue Beobachtungstechnik vor: den CMB-Gravitationslinseneffekt (»CMB lensing«).

CMB-Lensing

Das Bild des Bullet-Clusters (Tafel 6 im Bildteil) zeigt eine klare Trennung zwischen Dunkler Materie und normaler Materie. Wo sich Dunkle Materie befindet, fand man heraus, indem man die durch das Bullet-Cluster ausgeübte Gravitationslinsenwirkung auf das Licht von weit entfernten Galaxien analysierte. Das Bullet-Cluster wirkt wie eine Linse. Das gilt auch auf einer tieferen Ebene: Das Bullet-Cluster wirkt nicht nur für weit entfernte Galaxien als Linse, sondern auch für alles, was dahinter liegt, also auch die CMB. Wenn wir die CMB mit hoher Präzision direkt um das Bullet-Cluster herum messen könnten, würden wir feststellen, dass sie verzerrt ist. Die CMB als Hintergrundlicht zu verwenden, hat den Vorteil, dass sie von einer einzelnen Schicht in genau bekannter Entfernung kommt, sodass die Stärke des Lensing-Effekts exakt berechnet werden kann. Da das Bullet-Cluster ziemlich massereich ist, hebt es sich von anderen Gravitationslinsen ab, aber dessen ungeachtet wirkt jede Massekonzentration zwischen uns und der Entkopplungsschicht wie eine Linse. Ganz gleich, wohin wir schauen: Die CMB ist durch den Lensing-Effekt verzerrt. Zwar ist der Effekt klein, aber mit den heute verfügbaren hochempfindlichen Instrumenten ist er leicht erkennbar.

Wie können wir die primordiale CMB-Anisotropie von ihrer durch Lensing verzerrten Version unterscheiden, wenn sie überall auf dieselbe Weise verzerrt ist, ganz unabhängig davon, wohin wir schauen? Eine Gravitationslinse hat eine klar erkennbare Wirkung auf die CMB. Sie verzerrt die Anisotropie auf eine ganz spezifische und berechenbare Weise. Wenn wir die Welt durch eine Glasscheibe mit einer leichten Oberflächenstruktur betrachten und die Eigenschaften dieser Struktur kennen würden, könnten wir ihre Wirkungen auf das, was wir zu sehen bekämen, berechnen. In der Kosmologie ist die Entsprechung zu dem strukturierten Glas die Verteilung der Materie zwischen uns und der Entkopplungsschicht, und »die Welt« ist die CMB.

Hier gibt es eine wunderbare und profunde Verbindung. Unser Modell geht davon aus, dass das primordiale Energiespektrum die CMB-Anisotropie und die Fluktuationen der Materieverteilung im gesamten Volumen des beobachtbaren Universums innerhalb der Entkopplungsschicht verursacht hat. Wenn dieses Modell zutrifft, sollten wir in der Lage sein, das CMB-Lensing exakt zu berechnen, da wir alle Teile des Puzzles kennen. Bisher stimmt das gemessene CMB-Lensing mit dem überein, was das Modell erwarten lässt. Das stärkt unser Vertrauen in das Standardmodell, da dessen Vorhersagen schon lange vor der Erfassung der Messdaten aufgestellt wurden. Die Lensing-Messungen haben noch einen weiteren Nutzen. Ganz ähnlich wie die Messungen des durch das Bullet-Cluster bewirkten Lensing uns verraten, wo die betreffende Masse ist, liefern uns die Messungen des CMB-Lensing eine zweidimensionale Projektion der Verteilung Dunkler Materie im Universum. Karten der Verteilung von Masse im Universum sind bereits in Arbeit. Es ist zu erwarten, dass wir durch das CMB-Lensing auch in Zukunft noch einiges mehr in Erfahrung bringen werden. Dieses Verfahren wird eine wichtige Rolle spielen, wenn die Forschung in den ersten vier Grenzbereichen vorangetrieben wird, auf die wir jetzt näher eingehen wollen.

Neutrinos

In diesem Buch wurden Neutrinos schon ein paarmal erwähnt. Bis vor Kurzem dachte man, sie hätten keine Masse.

Heute wissen wir, dass sie mehr Masse haben müssen als ein Zehnmillionstel der Masse eines Elektrons, aber weniger als ein Millionstel. Da es im Universum so viele von ihnen gibt – etwa 300 pro Kubikzentimeter –, beeinflussen sie, wie kosmische Strukturen wachsen. Es gibt verschiedene Möglichkeiten, wie sie sich auf die CMB auswirken, doch eine der wichtigsten davon ist durch Lensing.

Falls Neutrinos eher auf der leichten Seite des möglichen Massebereichs angesiedelt sind, verhalten sie sich ähnlich wie Photonen und durchqueren das Universum, ohne sich auf die Verteilung von Materie auszuwirken. Falls sie eher auf der schweren Seite sind, reisen sie immer noch ziemlich schnell und reduzieren den Grad des Verklumpens in der verteilten Materie, da sie Masse aus Regionen mit höherer Dichte in Regionen mit niedrigerer Dichte transferieren. Je massereicher das Neutrino ist, desto stärker wird der Dichtekontrast gedämpft. Der Grad des Verklumpens wirkt sich auf das CMB-Lensing aus, da es die Fluktuationen in der Verteilung von Materie sind, die das Lensing verursachen; das heißt, je massereicher das Neutrino ist, desto kleiner ist das Lensing-Signal.

Die Messverfahren zur Erfassung von CMB-Lensing sind noch nicht empfindlich genug, um diesen Effekt zu registrieren, werden es aber bald sein. Davon abgesehen sind sie in Bezug auf die definierenden Eigenschaften von Neutrinos weniger aussagekräftig als eine Messung im Labor. Was wir aus der CMB lernen können, ist vor allem, wie stark die Gravitationswirkung von Neutrinos auf die Verteilung der Materie ist. Es ist nicht möglich, aufgrund von CMB-Messdaten beispielsweise zwischen verschiedenen Neutrinotypen oder anderen grundlegenden Eigenschaften von Neutrinos zu unterscheiden. Dennoch wäre es großartig, wenn wir eine der grundlegenden Eigenschaften dieser flüchtigsten aller Teilchen (nämlich ihre Masse) durch ihre Gravitationslinsenwirkung auf das CMB bestimmen könnten. Wir wissen so wenig über sie, dass wir von dem, was wir finden würden, möglicherweise überrascht sein könnten.

Wir haben schon erwähnt, dass Neutrinos, wie wir sie verstehen, nicht die Dunkle Materie sein können. Jetzt verstehen wir auch, warum. Falls sie sich so verhalten, wie wir annehmen, strömen sie aus den dichteren Regionen des Universums heraus und verringern dadurch das Entstehen kosmischer Strukturen. Das müsste sich in der Verteilung von Galaxien zeigen, tut es aber nicht. Die bei künftigen Galaxien-Kartierungen eingesetzten Messverfahren werden so empfindlich sein, dass sie die Wirkung von Neutrinos auf das Entstehen kosmischer Strukturen werden erfassen können. Dadurch bietet sich eine Gelegenheit, die Wirkung von Neutrinos auf die CMB und auf die Verteilung von sichtbarem Licht zu vergleichen. Dies ist eine der vielen Arten, wie der Kosmos zum Labor wird. Es gibt eine Vielzahl ineinandergreifender Observationsdaten, wodurch es möglich wird, die Schlussfolgerungen aus einzelnen Messungen mit solchen aus anderen zu vergleichen.

Neben der Masse aller Neutrinos haben wir mithilfe der CMB bereits begonnen, unabhängig von Labormessungen die Anzahl von Neutrinoarten einzugrenzen. Verbesserte Messverfahren werden zu verbesserten Randbedingungen führen. Vielleicht werden wir sogar feststellen, dass es eine neue Neutrinoart oder ein ähnliches Elementarteilchen gibt, das wir noch nicht in nuklearen Reaktionen gesehen haben.

Gravitationswellen

Etlichen Varianten des Standardmodells zufolge wurde in der Frühzeit des Universums ein Hintergrund von Gravitationswellen erzeugt. Sie sind eine andere Form von Quantenfluktuationen. In der Regel sind solche Wellen eine Verzerrung von Raum und Zeit, die sich mit Lichtgeschwindigkeit durch das Universum ausbreitet. Würde eine Gravitationswelle auf eine 100 mal 100 Zentimeter große Platte treffen, dann würde sie im ersten Halbzyklus deren Breite verringern und ihre Höhe vergrößern. Einen Halbzyklus später würde sie die Höhe der Platte verringern und ihre Breite vergrößern. Wenn die Höhe sich um 1 Zentimeter ändert, würde man sagen, dass die Dehnung bei einem Teil von hundert liegt, also 1 Prozent. Das Laser Interferometer Gravitational-Wave Observatory (LIGO) in den USA entdeckte 2016 Gravitationswellen von einem Paar sich umkreisender und miteinander verschmelzender Schwarzer Löcher, die etwa 1,2 Milliarden Lichtjahre entfernt waren. Die dabei gemessene Dehnung betrug einen Teil von einer Zahl 1 gefolgt von 21 Nullen. Das entspricht einer Entfernungsänderung zwischen der Erde und Proxima Centauri, dem nächstgelegenen Stern, der 4,3 Lichtjahre entfernt ist, mit der Genauigkeit eines menschlichen Haars. Das ist eine unglaublich genaue Messung.

Der Urknall könnte ähnliche Wellen in Form von »stehenden Wellen« erzeugt haben, allerdings mit Wellenlängen, die zwischen 1 Prozent und 100 Prozent der Größe des beobachtbaren Universums liegen. Da die Wellenlängen so groß sind, sehen die von solchen Wellen erzeugten Dehnungen für uns stationär aus. Einige aktuelle Modelle gehen davon aus, dass die Dehnung bei ungefähr einem Hunderttausendstel liegen sollte. Das ist eine wesentlich größere Dehnung als die von LIGO gemessene; sie entspricht dem Verhältnis zwischen der Größe eines Menschen und der Dicke eines menschlichen Haars.

Gravitationswellen beeinflussen sowohl die Anisotropie als auch die Polarisation der CMB. Indem sie den Raum dehnen und stauchen, verändern Gravitationswellen die CMB auf subtile Weise. Dieser Effekt ist so klein, dass er sich nicht von der durch das primordiale Energiespektrum verursachten Anisotropie unterscheiden lässt. Allerdings haben Gravitationswellen eine charakteristische Wirkung auf die CMB-Polarisation. Wenn wir uns die Polarisationsrichtung als eine Reihe von kurzen Stäbchen vorstellen, dann prägen die primordialen Gravitationswellen ihnen ein schwaches, wirbelndes Muster auf, das als »primordialer B-Modus« bezeichnet wird. Stellen Sie sich vor, Sie würden eine Handvoll runde Zahnstocher auf einen großen schwarzen Fußboden werfen, sodass Sie die Stäbchen noch gut erkennen können, wenn Sie ganz oben auf einer Trittleiter stehen. Sie würden die Zahnstocher mit so viel Schwung auf den Boden werfen wollen, dass sie nicht übereinander zu liegen kommen. Nehmen wir an, dass die Orientierung der Zahnstocher die Richtung der CMB-Polarisation vor dem Hintergrund des Himmels darstellt. Dann machen Sie ein Foto von den Zahnstochern, während Sie oben auf der Leiter stehen. Allem Anschein nach liegen sie völlig ungeordnet herum. Jetzt sehen Sie sich dasselbe Muster von Zahnstochern in einem großen Spiegel an und machen davon ein zweites Foto. Im letzten Schritt stellen Sie die beiden Fotos – das erste, das Sie direkt von dem Zahnstochermuster auf dem Boden gemacht haben und das zweite von dessen Spiegelbild – hintereinander auf und subtrahieren sie voneinander. Der Anteil des ersten Bildes, der durch die Subtraktion wegfällt, wird als »E-Modus« bezeichnet, der verbleibende Anteil ist ein »B-Modus«. Im Standardmodell ist die CMB-Polarisation fast ausschließlich im E-Modus: Sie sieht im

Spiegel gleich aus. Bisher wurde keine Spur von primordialen B-Modi gefunden.[30]

Wenn ein primordialer B-Modus nachgewiesen werden könnte, wäre das eine bahnbrechende Entdeckung. Sie würde eine neue und tiefgründige Verbindung zwischen dem Quantenregime des sehr frühen Universums und der Schwerkraft herstellen. Sie würde auch einen neuen Test für grundlegende Theorien der Physik liefern, wenn wir sie auf Energien extrapolieren würden, die weit über das hinausgehen, was wir in einem Labor auf der Erde erreichen können. Wenn Inflation das richtige Modell für das sehr frühe Universum ist, könnte die Entdeckung von primordialen Gravitationswellen kurz bevorstehen. Tatsächlich hätten wir sie nach den ursprünglichen Versionen des Inflationsmodells eigentlich schon sehen müssen. Ein solcher Nachweis würde sich auch in hohem Maße auf die zyklischen kosmologischen Modelle auswirken. So wie sie heute verstanden werden, können zyklische Modelle keine primordialen B-Modi in einer Größenordnung hervorbringen, die wir jemals mit der CMB zu messen hoffen können. Ein Nachweis primordialer B-Modi würde solche Modelle ausschließen.

Um einen Eindruck davon zu vermitteln, wie hoch entwickelt unsere Messverfahren inzwischen sind, sei gesagt, dass in der CMB auch B-Modi entdeckt wurden. Sie stammen allerdings nicht von primordialen Gravitationswellen, sondern vielmehr von dem an E-Modi beobachteten Gravitationslinseneffekt! Derselbe Linseneffekt, der die Anisotropie verzerrt, verändert auch die Polarisation der CMB. Wie bei den Anisotropie-Linseneffekten liegt auch der E-Modi-Linseneffekt im vorhergesagten Bereich, was unser Vertrauen darauf, dass unser Standardmodell des Universums richtig ist, noch weiter stärkt.

Strukturbildung und grundlegende physikalische Zusammenhänge

Es ist eine Sache, die Zusammensetzung des Universums zu beschreiben; doch es ist etwas ganz anderes, zu verstehen, wie diese Bestandteile sich verbinden und wie sie über Jahrmilliarden zusammenwirken, um das Universum hervorzubringen, das wir heute sehen. Indem wir sorgfältig messen, wie Masse sich im Lauf der Äonen zusammenfügt, können wir testen, ob die kosmologische Konstante tatsächlich über die Zeit konstant geblieben ist.

Eine Möglichkeit, an diese Herausforderung heranzugehen, besteht darin, Galaxien- und CMB-Karten zu kombinieren. Es gibt eine Reihe von Erhebungen, sowohl im Weltraum als auch am Boden, die im Lauf der kommenden zehn Jahre umfangreiche Kartierungen von Galaxien und ihren Eigenschaften erbringen werden. Das größte erdgebundene Projekt wird das Large Synoptic Survey Telescope sein. Es wird voraussichtlich über 10 Milliarden Galaxien erfassen, verteilt über fast die Hälfte des Himmels. Über die gleiche Himmelsregion sollen detaillierte Kartierungen der CMB vom Boden aus durchgeführt werden. Besonders spannend wird es sein, das Gravitationslinsensignal aus Kartierungen von Galaxien beziehungsweise der CMB zu vergleichen. Außerdem gibt es zahlreiche andere Möglichkeiten, Daten zu kombinieren. Es ist zu erwarten, dass sich nach und nach ein außerordentlich detailreiches, dreidimensionales Bild des Universums abzeichnen wird. Mit detaillierten, ineinandergreifenden Datenbeständen können wir nach winzigen Abweichungen der Expansionsrate im Lauf der Zeit von den Vorhersagen für eine unveränderliche kosmologische Konstante suchen.

Der Sunjajew-Seldowitsch-Effekt (SZ-Effekt) und Galaxienhaufen

Die größten von der Schwerkraft zusammengehaltenen Objekte im Universum sind Galaxienhaufen. Sie sind individuell erkennbare Systeme aus Hunderten bis Tausenden von Galaxien mit Namen wie Virgo-Galaxienhaufen, Coma-Galaxienhaufen oder, wie wir bereits gesehen haben, Bullet-Cluster. Ein typischer Galaxienhaufen hat einen Durchmesser von 6 Millionen Lichtjahren und ist damit etwa 60-mal so groß wie unsere Milchstraße. Wenn Städte und Dörfer auf einer Landkarte Galaxien entsprächen, dann würden Galaxienhaufen Großstädten entsprechen. Eines der Merkmale von Galaxienhaufen ist, dass sie voll von heißem Gas sind, das nicht in Sternen gebunden ist. Dieses Gas emittiert Röntgenstrahlen, wie wir am Beispiel des Bullet-Clusters gesehen haben.

In den 1970er-Jahren wiesen Rashid Sunyaev und Jakow Seldowitsch darauf hin, dass das heiße Gas in Galaxienhaufen sich auf die CMB auswirkt. Das Gas hat eine so hohe Temperatur, dass es ionisiert ist und hauptsächlich aus freien Protonen und Elektronen besteht. Wenn ein CMB-Photon auf seinem Weg von der Entkopplungsschicht zu uns mit einem Elektron in heißem Galaxienhaufen-Gas interagiert, wird es gestreut. Das heiße Elektron gibt einen Teil seiner Energie an das Photon ab. Dadurch verändert sich das in Abbildung 2.1 (siehe Seite 63) dargestellte Spektrum der CMB, da Energie aus dem Bereich mit einer Wellenlänge von mehr als 0,15 Zentimeter entnommen und in kürzere Wellenlängen übertragen wird. Mit anderen Worten: Durch die Streuung von Photonen wird das Spektrum der CMB verzerrt.

Das bedeutet, dass Galaxienhaufen kälter als 2,725 Kelvin erscheinen, wenn wir den Himmel bei Wellenlängen von mehr als 0,15 Zentimeter scannen. Der Temperaturabfall beträgt etwa 1 Tausendstel Kelvin und ist daher mit modernen Detektoren ziemlich leicht zu erkennen. Im CMB wurden über tausend Galaxienhaufen mit dieser charakteristischen »SZ«-Signatur gefunden, und es ist zu erwarten, dass es in nicht allzu ferner Zukunft zehnmal so viele sein werden.

Eines der Merkmale der SZ-Signatur besteht darin, dass sie fast unabhängig davon ist, wann die Streuung stattgefunden hat. Bei unveränderter Temperatur der Elektronen und in einer Zeit, als das Universum noch kompakter war, war die CMB heißer und daher der entsprechende Temperaturabfall größer. Durch die Expansion des Universums kühlten sowohl die gestreuten Photonen als auch die CMB ab, sodass der SZ-Effekt unterm Strich gleich groß blieb. Mithilfe des SZ-Effekts können wir sehr weit hinausschauen, zurück in eine Zeit, als Galaxienhaufen sich bildeten. In einer vorgegebenen Richtung können wir sämtliche Cluster im beobachtbaren Universum erfassen, die oberhalb einer festgelegten Mindestmasse liegen. Dann können wir sehen, wie viele es davon im Zeitverlauf gab, und diese Daten mit den Prognosen zur Bildung von Strukturen vergleichen. So liefern uns die Galaxienhaufen eine weitere Möglichkeit, um die kosmologische Konstante zu überprüfen.

Galaxienhaufen sind ein weiteres Beispiel für die wichtige Verbindung zwischen verschiedenen Arten von Observationsdaten. Mithilfe des SZ-Effekts können wir weder die Entfernung zu einem Galaxienhaufen noch seine Masse ermitteln. Um herauszufinden, wie weit er entfernt ist, müssen wir sein Licht im sichtbaren oder im infraroten Wellenlängenbereich erfassen. Es gibt mehrere Verfahren, um die

Masse eines Clusters zu ermitteln. Das wahrscheinlich Beste davon ist, Gravitationslinsen zu nutzen, wie es beim Bullet-Cluster mit sichtbarem Licht gemacht wurde. Bald werden wir große Kataloge von Galaxienhaufen mit ihren Entfernungen und Massen haben, und damit eine weitere Möglichkeit, nach neuen Elementen im Standardmodell Ausschau zu halten.

Das Temperaturspektrum

Wir haben bereits festgestellt, dass wir, wenn die Strahlungsquelle ein Schwarzer Körper ist, nur seine Temperatur angeben müssen, und schon kennen wir die Intensität der von ihm emittierten Strahlung bei allen Wellenlängen. Bis an die Grenzen der Messgenauigkeit wissen wir, dass die CMB ein Schwarzer Körper ist (jedenfalls abseits von Galaxienhaufen!). Anders ausgedrückt: Die CMB wird durch die Planck-Funktion beschrieben, wie in Abbildung 2.1 (siehe Seite 63) dargestellt. Wenn aber die Strahlungsquelle kein Schwarzer Körper ist, dann hängt die effektive Temperatur von der Wellenlänge ab. Das kann der Fall sein, wenn im Lauf der Entwicklung des Kosmos eine große Energiezufuhr stattfand, etwa durch den Zerfall eines Teilchens, oder falls das Universum sich auf eine Weise entwickelt hat, dass die Strahlung nicht genug Zeit hatte, um in ein Gleichgewicht mit den Teilchen zu kommen. Wir kennen mehrere

Prozesse, die das Temperaturspektrum um einen Faktor von etwas über zehn unterhalb der jetzigen Höchstwerte verändern sollten. Zu diesen Prozessen zählt die durch die Entstehung der ersten Sterne ausgelöste Reionisierung sowie die spektrale Verzerrung, die durch den SZ-Effekt beim Kombinieren sämtlicher Galaxiengruppen und -haufen entsteht. Diese Signale sind zu schwach, um mit den heute verfügbaren Messverfahren entdeckt werden zu können, aber es sind hochsensible Instrumente in der Entwicklung, mit denen wir nach solchen Signalen sowie anderen Merkmalen solcher Cluster werden fahnden können.

ZUSAMMENFASSUNG UND SCHLUSSFOLGERUNGEN

Ziehen wir Bilanz über die wichtigsten Themen, die wir behandelt haben. In Kapitel 1 bekamen wir einen Eindruck von der fast überwältigenden Größe des Universums. Die Milchstraße ist nur ein Staubkorn in der unermesslichen Weite des Kosmos. Und vielleicht erinnern Sie sich noch, dass sie 100 Milliarden Sterne enthält, von denen die meisten Planeten haben. Aus einer kosmischen Perspektive gesehen ist die Erde unbedeutend. Ein Startpunkt, um eine quantitative Vorstellung von der Weite des Universums zu bekommen, ist Einsteins kosmologisches Prinzip. Wenn wir dieses Prinzip mit den Observationsdaten verbinden, stellen wir fest, dass das Universum mehr oder weniger gleich aussieht, wenn wir über kugelförmige Regionen von 25 Millionen Lichtjahren Durchmesser den Durchschnitt bilden, und zwar ganz unabhängig davon, wo wir uns befinden. Mit anderen Worten: Aus einer grobkörnigen Perspektive ist das Universum homogen.

Wir haben auch gesehen, dass diese ganze unermessliche Weite sich ausdehnt. Mehr noch: Die Expansion beschleunigt sich. Es sei noch einmal gesagt, dass dies Beobachtungen sind, keine Theorien – wir sehen, dass das Universum sich so und nicht anders verhält. Eine Möglichkeit, die Observationsdaten zu deuten, ist, dass der Raum selbst sich ausdehnt und seine Inhalte einfach mitnimmt. Wir wissen allerdings nicht, warum der Raum sich ausdehnt; wir beschreiben nur, was wir sehen. Durch Extrapolieren dieser Expansion zurück in die Vergangenheit haben wir erkannt, dass es vor einer endlichen Zeit – nämlich vor etwa 13,8 Milliarden Jahren – einen Anfang gegeben haben muss. Das mag vielleicht nicht der Beginn allen Daseins und aller Zeit gewesen sein, aber es war auf jeden Fall der Beginn unseres beobachtbaren Universums. Das Wissen, dass die Lichtgeschwindigkeit immer gleich ist, hat uns erkennen lassen, dass wir umso weiter in die Vergangenheit zurückblicken, je weiter wir in das Universum hinausschauen: In diesem Sinne ist ein Teleskop wie eine Zeitmaschine. Und wenn wir weit genug zurückblicken, bekommen wir die CMB zu sehen.

In Kapitel 2 haben wir die wichtigsten Bestandteile des Universums aufgezählt: die CMB, die Atome, die Dunkle Materie und die kosmologische Konstante. Wir wissen, dass es noch weitere Komponenten geben muss – zum Beispiel sollten Neutrinos vorhanden sein –, aber sie sind so untergeordnet, dass das Standardmodell sie nicht braucht, um die Observationsdaten zu erklären. Die Atome sind unübersehbar in Galaxien verklumpt; sie sind unsere kosmischen Wegweiser. Die Dunkle Materie ist gleichmäßiger verteilt als die Atome, aber auch sie ist verklumpt. Die mit der kosmologischen Konstante verknüpfte Energiedichte füllt den Raum, aber soweit wir es bisher durch Messungen feststellen konnten, ist sie nicht verklumpt. Auch die CMB füllt den Raum, aber ihre Energiedichte ist im Vergleich zu der von Atomen, der Dunklen Materie und der kosmologischen Konstante unbedeutend.

Nachdem wir in Kapitel 3 beschrieben haben, wie die CMB vermessen und die Anisotropiekarten in eine brauchbare Form gebracht werden können, sind wir in Kapitel 4 darauf eingegangen, wie die Observationsdaten zu interpretieren sind. Um noch einmal auf das Vorwort zurückzukommen: Das vielleicht Erstaunlichste am Universum ist, dass wir es selbst in seinen gewaltigsten Dimensionen mit einer Genauigkeit von wenigen Prozent vermessen können. Kurz zusammengefasst: Ein heißes, dichtes Universum expandierte aus einem feurigen Anfang, den wir als »Big Bang« oder Urknall bezeichnen. Quantenfluktuationen, die dem Gefüge der primordialen Raumzeit innewohnten und durch die rapide frühe Expansion noch verstärkt wurden, führten zu Schwankungen in der Stärke der Schwerkraft im gesamten Raum. Das CMB liefert uns eine zweidimensionale Momentaufnahme dieser Fluktuationen etwa 400.000 Jahre nach dem Urknall. Während das Universum sich entwickelte, reagierten die Dunkle Materie und die Atome auf die Schwankungen der Schwerkraft und bildeten schließlich sämtliche Strukturen im Universum. Die kosmologische Konstante, die zunächst belanglos war, treibt heute eine beschleunigte Expansion an und wird nach und nach das Universum immer stärker dominieren.

Es ist bemerkenswert, dass die Menschheit das Standardmodell der Kosmologie erreicht hat. Wir Kosmologen können uns glücklich schätzen, in diesen Jahrzehnten gelebt zu haben, in denen das Wissen über das Universum explosionsartig zugenommen hat. Die meisten von uns können sich noch an eine Zeit erinnern, in der wir weder die Geometrie des Universums noch seine Zusammensetzung oder sein Alter kannten. Als unsere Daten immer präziser wurden, haben sich ganze Klassen von kosmologischen Modellen als falsch erwiesen. Wie es oben schon betont wurde, bilden präzise Messungen das Fundament des Standardmodells. Die dramatischen Fortschritte der Kosmologie sind auf die Möglichkeit zurückzuführen, unsere Modelle mit gemessenen Daten zu vergleichen. Es hat sich gezeigt, dass das frühe Universum einfach ist und die Physik, die es beschreibt, unkompliziert. Das hätte keineswegs so sein müssen, aber Mutter Natur war so gütig, uns so vieles entdecken zu lassen.

Heute haben wir ein überzeugendes und vorhersagbares Modell, aber selbst in dessen Kontext gibt es noch zahlreiche offene Fragen. Einige davon können wir mit besseren Messverfahren oder profunderen Theorien zu beantworten suchen: Was ist Dunkle Materie? Warum besteht unser Universum überwiegend aus Materie und nicht aus einer Verbindung von Materie und Antimaterie? Wie sah die Physik der allerfrühesten Zeit aus? Was verrät uns die kosmologische Konstante über Vakuum? Soweit wir wissen, gibt es keine zwingende »Notwendigkeit« für ihre Existenz. Obwohl wir vom »expandierenden Raum« sprechen, wissen wir nicht wirklich, was »Raum« eigentlich ist. Es kann gut sein, dass es überall um uns herum Hinweise gibt, die wir aber nicht richtig deuten können. Es gibt Fragen, die wir vielleicht nie mit letzter Gewissheit werden beantworten können: Gibt es mehrere Universen? Sind wir nur in einem aus einer endlosen Serie von Zyklen?

Der Kosmos hat seit undenklichen Zeiten die Fantasie des Menschen angeregt. Obwohl die jüngsten Fortschritte der Wissenschaft dramatisch sind, geht unsere Suche nach immer tiefgründigeren Erkenntnissen unaufhörlich weiter, sowohl an der theoretischen als auch an der experimentellen Front. Für Menschen, die den Kosmos erforschen, gibt es nichts Spannenderes, als Neues zu entdecken oder zu erfahren, dass ein Element des Standardmodells in einem neuen Licht betrachtet werden muss. Wir können immer noch enorm viel Neues erfahren aus der CMB, und wahrscheinlich werden wir noch auf Jahre hinaus damit beschäftigt sein, sie zu vermessen.

DANKSAGUNG

Ich hatte das Glück, einige der führenden Theoretiker der Kosmologie als Mentoren zu haben. Mit David Spergel habe ich seit über zwei Jahrzehnten eng zusammengearbeitet. Jim Peebles und Paul Steinhardt haben mir zahlreiche Fragen beantwortet; beide machten kritische Vorschläge für dieses Buch. Dick Bond hat mich unterrichtet, seit ich Postdoc war. Slava Muchanow hat mir mein Wissen über das frühe Universum vermittelt.

Für alle Fehler bin natürlich nur ich verantwortlich: Als Lernender kann man stets besser werden. Sowohl Steve Boughn als auch Shyam Khanna haben frühe Versionen des Manuskripts gründlich gelesen und zahlreiche Verbesserungsvorschläge gemacht, die ich berücksichtigt habe. Jeff Aumuller gab mir Tipps, wie ich den Text besser verständlich machen kann, ebenso wie Kevin Crowley, Oriel Farajun, Bryant Hall, Neha Anil Kumar, Loki Lin, Christian Robles, Allan Shen, Mona Ye und Kasey Wagoner. Ingrid Gnerlich, meine Lektorin, gab dem Buch seine jetzige Form und machte Vorschläge, die zu zahlreich sind, um sie alle erwähnen zu können. Es war mir eine Freude, mit ihr zusammenzuarbeiten.

Eine besondere Anerkennung gebührt meinem Kollegen Steve Gubser, der eine Reihe von »Kleinen Büchern« zu Spezialgebieten der Physik in die Wege geleitet hat – eines über die Stringtheorie und, zusammen mit Frans Pretorius, ein weiteres über Schwarze Löcher – und damit den Weg bereitet hat, dem dieses Buch folgt. Leider kam Steve im Jahr 2019 bei einem Kletterunfall auf tragische Weise ums Leben. Dieses Buch soll ihm gedenken und die Erinnerung an ihn wachhalten.

ANHÄNGE

Anhang A.1: Das elektromagnetische Spektrum

Abbildung A.1 zeigt das elektromagnetische Spektrum über einen breiten Wellenlängenbereich. Die Einheit entlang der x-Achse wechselt von Zentimetern (cm) auf der linken Seite zu Mikrometern (μm) auf der rechten Seite, um den Sprachgebrauch im Text zu reflektieren. Die Einheit wechselt bei 0,1 cm = 1 mm = 1000 μm. Bitte beachten Sie, dass die Wellenlänge nach rechts hin kleiner wird, was bedeutet, dass die Energie eines Photons von links nach rechts zunimmt.

Der Kanal 83 Ihres Fernsehers, der normalerweise nicht genutzt wird, hat eine Wellenlänge von 34 Zentimetern. Ein Mikrowellenherd arbeitet mit einer Wellenlänge von 12,2 Zentimetern. Diese Wellenlängen sind in der Abbildung mit senkrechten Linien markiert, da die meiste Energie eines Emittenten in der Nähe einer bestimmten Wellenlänge konzentriert ist. Der kosmische Mikrowellenhintergrund ist ein Schwarzkörperemittent, dessen Strahlung (die CMB) ihr Maximum bei 0,1 Zentimetern erreicht, der aber über einen breiten Wellenlängenbereich Energie emittiert. Dies ist das gleiche Spektrum wie in Abbildung 2.1 (siehe Seite 63), wird hier aber in einem breiteren Kontext gezeigt. Die nächste senkrechte Linie zeigt die Wellenlänge, bei der das DIRBE-Bild in Tafel 3 erfasst wurde (100 µm). Das mit »Milchstraße« beschriftete Spektrum entspricht einem Schwarzen Körper bei 30 Kelvin. Das nächste Spektrum gehört zu einem Schwarzen Körper bei Raumtemperatur (300 K); Infrarotkameras messen diese Thermoemission (Wärmeabstrahlung) im Bereich um 10 Mikrometern. Das Energiespektrum der Sonne mit ihrer Oberflächentemperatur von knapp 6000 Kelvin erreicht sein Maximum bei einer Wellenlänge von 0,5 Mikrometern. Die Grauskala entspricht den Farben des sichtbaren Lichts, das unsere Augen wahrnehmen können, und reicht von Rot auf der linken Seite bis Violett auf der rechten Seite. Das UV-Spektrum ist bei etwas kürzeren Wellenlängen zu finden, UV-B-Strahlung liegt bei 0,3 Mikrometern. Wir sehen, dass die Strahlung der Sonne in diesem Bereich noch ziemlich intensiv ist, aber dieses UV-Licht können wir nicht mehr sehen. Oben in der Abbildung ist die Legende für die Wellenlängenbänder »Mikrowelle« sowie »fernes«, »mittleres« und »nahes Infrarot« zu finden. Wir sehen auch, dass die Maxima der vier Schwarzkörperspektren dem Wienschen Verschiebungsgesetz folgen.

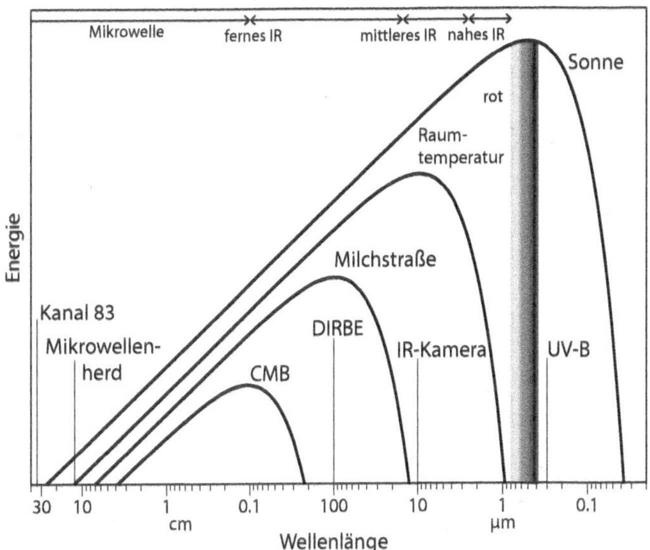

Abbildung A.1

Anhang A.2: Expandierender Raum

Der Begriff »expandierender Raum« ist umstritten. Wir verwenden ihn als intuitive Beschreibung für die Veränderung der Größe des Universums im Lauf der Zeit. Wir lassen uns von Einstein leiten: »In diesem Sinne kann man sagen, dass laut Friedmann die Theorie eine Expansion des Raumes verlangt.«[31] Und weiter: »Es ist in der Tat eine anspruchsvolle

Forderung, dem Raum im Allgemeinen und dem leeren Raum im Besonderen physikalische Realität zuschreiben zu müssen.«

Das Koordinatensystem, mit dem wir die Positionen von Objekten im Universum bestimmen, dehnt sich eindeutig aus. Zugleich gibt es für den größten Teil der Zeit seit dem Urknall nichts, was Galaxien auseinandertreibt, obwohl der Begriff »expandierender Raum« das vermuten lassen könnte. Die Schwerkraft wirkt nur in Form von Anziehung. Die Entwicklung des Universums in dieser Zeit über größere Regionen hinweg, in den Abbildungen 1.3 (siehe Seite 32) und 1.4 (siehe Seite 34) dargestellt, kann beschrieben werden, indem man den Galaxien Anfangsgeschwindigkeiten zuordnet und berechnet, wie sie unter der Einwirkung der Schwerkraft interagieren.

Doch in den vergangenen vier Milliarden Jahren, in denen die kosmologische Konstante zur vorherrschenden Form von Energiedichte geworden ist, hat eine neue Kraft das Universum immer stärker dominiert, welche die Galaxien tatsächlich auseinandertreibt. Diese Kraft wird mit der kosmologischen Konstante quantifiziert. Ihre Wirkung kann als »Expandieren von Raum« oder »Erschaffen von Raum« beschrieben werden. Wenn Inflation das korrekte Modell für das frühe Universum ist, kann auch diese als »expandierender Raum« beschrieben werden, allerdings mit einer über eine sehr kurze Zeit exponentiell zunehmenden Geschwindigkeit. Während der Inflation existierte eine Kraft, die Teilchen auseinandertreibt und die viel stärker ist als die Schwerkraft. Der Ursprung dieser Kraft ist eine effektive kosmologische Konstante, die wesentlich größer ist als die, welche wir heute sehen.

Es gibt noch ein weiteres Beispiel für das »Erschaffen von Raum«. Wenn das Universum durch eine geschlossene Geometrie beschrieben würde, die zum Beispiel der Kugel in dem rechten Bild in Abbildung 4.1 (siehe Seite 141) entspräche, wäre sein Volumen endlich und würde sich im Lauf der Zeit verändern. Dann würde tatsächlich Raum erschaffen werden.

Das Wesen von Raum – das Wesen von Vakuum – zu verstehen, ist eines der wichtigsten Ziele der Physik. Auf einer profunden Ebene verstehen wir das Vakuum nicht wirklich. In bestimmten Situationen sind wir fast gezwungen, uns den Raum als expandierend vorzustellen, während uns die Expansion des Raums in anderen Situationen glauben machen kann, es würde Kräfte geben, die gar nicht existieren. Dennoch finden wir das Konzept eines expandierenden Raums nützlich, weil es uns dabei hilft, uns viele Aspekte des Universums besser vorzustellen.

Anhang A.3: Tabelle der Entwicklungsgeschichte des Universums

Alter	Kompaktheit oder Skalenfaktor des Universums	Ereignis
0	winzig!	Unsere Definition des »Urknalls«. Abschnitte 1.2 und 1.3
1.4×10^{-14} s	2.2×10^{-17}	Die typische Energie eines Photons entspricht der Energie der Teilcheninteraktion im Large Hadron Collider. Abschnitt 2.1
0,000025 s	1×10^{-12}	Quark-Gluon-Plasma, wie es im RHIC beobachtet wurde. Abschnitt 2.1
3 min	3×10^{-9}	Es bilden sich die Atomkerne von Wasserstoff (H), Helium (He), Lithium (Li) und Beryllium (Be). Die Temperatur beträgt 1 Milliarde Kelvin. Abschnitte 2.1, 2.4 und 4.3
1 Jahr	1×10^{-6}	Siehe Anhang A.4
51.000 Jahre	0,00029	»Materie-Strahlungs-Gleichheit«. Die dominierende Form von Energiedichte geht von Strahlung zu Materie über, und kosmische Strukturen können zu wachsen beginnen. Abschnitt 2.4.

Alter	Kompaktheit oder Skalenfaktor des Universums	Ereignis
400.000 Jahre	0,001	»Entkopplung«. Es bilden sich Wasserstoffatome, und die CMB kann sich frei im Universum bewegen. Manche Kosmologen nennen diese Zeit »Rekombination«. Abschnitte 2.4 und 3.2
1 Million Jahre	0,0017	
200 Millionen Jahre	0,05	Erste Objekte bilden sich. Abschnitte 1.6 und 2.4
370 Millionen Jahre	0,078	Das entfernteste bisher identifizierte Objekt entsteht. Abschnitt A.4
0,4–0,7 Milliarden Jahre	0,08–0,12	Die entferntesten Objekte im Hubble Ultra Deep Field entstehen. Abschnitte 1.6 und 2.4
0,5–1 Milliarde Jahre	0,1–0,15	»Reionisierung«. Das Universum wird durch die ersten Sterne reionisiert und freie Elektronen streuen etwa 5 bis 8 Prozent der CMB-Photonen. Abschnitte 2.4 und 4.3
5,9 Milliarden Jahre	0,5	Das Universum ist doppelt so kompakt wie heute. Abschnitte 1.3 und 1.6
9,3 Milliarden Jahre	0,71	Erde und Mond entstehen. Abschnitt 1.3

Alter	Kompaktheit oder Skalenfaktor des Universums	Ereignis
10 Milliarden Jahre	0,75	»Materie-Λ-Gleichheit«. Die dominierende Form effektiver Energiedichte geht von Materie zu Dunkler Energie über. Abschnitt 2.4.
13,7 Milliarden Jahre	0,993	Dinosaurier besiedeln die Erde. Abschnitt 1.3.
13,8 Milliarden Jahre	1	Wir leben in einem Lambda-CDM-Universum.
Für die extrem kleinen Zahlen mussten wir die wissenschaftliche Notation einführen, bei welcher der Exponent angibt, wo das Dezimalkomma zu setzen ist. Zum Beispiel ist $1 \times 10^2 = 100$ und $1 \times 10^{-2} = 0{,}01$. Die »Kompaktheit« oder der Skalenfaktor ist die Zahl, mit der man die Größe des heutigen Universums multiplizieren muss, um herauszufinden, um wie viel näher kosmische Objekte einander in einer vergangenen Epoche waren.		

Anhang A.4: Das beobachtbare Universum im Lauf der Zeit

Abbildung A.4 zeigt die Größe des beobachtbaren Universums im Verhältnis zu seinem Alter. Von links nach rechts zeigen die senkrechten gestrichelten Linien, wann kosmische Strukturen zu wachsen begannen (Abschnitt 2.1), wann die CMB sich vom Urplasma entkoppelte (Abschnitt 2.4),

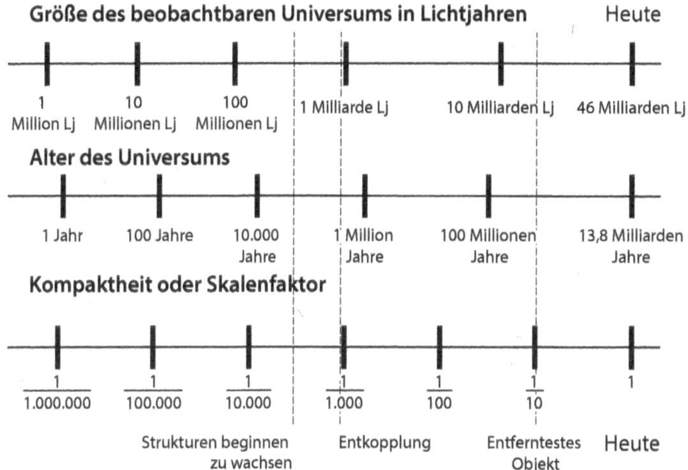

Abbildung A.4

sowie die »Entfernung« zu einem der entferntesten erkennbaren Objekte.

Wenn wir ein weit entferntes Objekt sehen, kommt uns oft als erste Frage in den Sinn: »Wie weit entfernt ist das?« Wenn es um ein Objekt im Universum geht, müssen wir besonders darauf achten, dass wir die Zeit angeben, für die wir wissen wollen, wie weit es entfernt ist. Während das Licht von einem weit entfernten Objekt zu uns reist, expandiert das Universum. In der Zeit, bis das Licht bei uns angekommen ist, hat das Universum sich schon weiter ausgedehnt. Obwohl die »Lichtlaufdistanz« zurück zum Urknall 13,8 Milliarden Lichtjahre beträgt, hat das Universum sich in diesen 13,8 Milliarden Jahren enorm ausgedehnt, sodass sein heutiger »Radius« – der in der wissenschaftlichen Literatur als »mitbewegte Entfernung« oder allgemeiner als der Radius des »beobachtbaren Universums« bezeichnet wird – 46 Milliarden Lichtjahre beträgt. Das entspricht einem Durchmesser von 92 Milliarden Lichtjahren, also etwa dem Dreifachen der in Abschnitt 1.4 angegebenen Größe.

Die naheliegendste Art, sich das Universum vorzustellen, ist in Form seiner Kompaktheit oder »Größe«. Wir fragen nach Alter und Größe des Universums stets in Bezug auf eine Zeit, als es noch 10, 100 oder eine Milliarde Mal kompakter war. Der Grund dafür ist, dass seine fundamentalen physikalischen Eigenschaften – Temperatur, Dichte, Expansionsgeschwindigkeit und so weiter – direkt von der Kompaktheit abhängen. Da wir die Geschichte der Kompaktheit des Universums kennen, können wir dann sein Alter und seine Größe daraus ableiten. So ist zum Beispiel auf der linken Seite der Abbildung A.4 zu lesen, dass das Universum in der Zeit, als es eine Million Mal kompakter war, ein Jahr alt war, und das beobachtbare Universum war damals ein paar Millionen Lichtjahre groß. Zu dieser Zeit war die CMB eine Million Mal heißer als heute, da die Temperatur direkt proportional zur Kompaktheit ist.

Eines der am weitesten von uns entfernten Objekte ist eine Galaxie namens EGSY8p7. Ihr Licht hat sich auf die Reise zu uns gemacht, als das Universum noch etwa zehnmal kompakter war. Das Licht von dieser Galaxie, das wir jetzt sehen, wurde emittiert, als das Universum 0,6 Milliarden Jahre alt war und hat demnach 13,8 – 0,6 = 13,2 Milliarden Jahre für seine Reise zu uns gebraucht. Auf Tafel 5 liegt es in dem violetten Band, welches das Hubble-Weltraumteleskop erfassen kann. Die Frage »Wie weit ist es entfernt?« ist eigentlich falsch gestellt, da das Universum so stark expandiert hat, seit es das Licht emittierte, das wir gerade erst jetzt zu sehen bekommen.

Wir hätten die linke Seite des Diagramms noch viel weiter fortführen können. Einige davor liegende Zeiten und damit verbundenen Ereignisse sind in Anhang A.3 aufgeführt.

ANMERKUNGEN

1 Die CMB wird häufig als »Drei-Kelvin-Strahlung« (»3K background«) bezeichnet, da 2,725 Kelvin fast 3 Kelvin sind. Die Anzahl der Celsiusgrade über dem absoluten Nullpunkt entspricht der Temperatur in Kelvin. Das heißt, 1 °C (Grad Celsius) über dem absoluten Nullpunkt ist 1 K; für Kelvin wird kein Gradzeichen verwendet. So entspricht zum Beispiel eine Temperaturänderung um 0,01 Grad Celsius einer Änderung um 0,01 Kelvin. In diesem System, das wir von jetzt an verwenden werden, liegt der absolute Nullpunkt bei –273,15 Grad Celsius, Wasser gefriert bei 0 Grad Celsius oder 273,14 Kelvin und kocht bei 100 Grad Celsius oder 373,14 Kelvin. Die Sonne hat eine Temperatur von etwa 5500 Grad Celsius oder 5772 Kelvin, für die wir im Folgenden einen Näherungswert von 6000 Kelvin verwenden werden.

2 Ich verwende die Begriffe »Licht« und »Strahlung« als gleichbedeutend.

3 Die Entfernung von 150 Millionen Kilometern geteilt durch 300 000 Kilometer pro Sekunde ergibt 500 Sekunden, also etwas mehr als acht Minuten.

4 Unsere Augen können das Farbspektrum wahrnehmen, aus dem das sichtbare Licht besteht, wobei jede Farbe einer anderen Wellenlänge entspricht. Eine typische sichtbare Wellenlänge entspricht etwa einem Hundertstel der Dicke eines menschlichen Haares. Genauer gesagt beträgt diese typische Wellenlänge 0,5 Mikrometer (µm), wobei ein Mikrometer ein Tausendstel Millimeter ist. Es existieren noch zahlreiche andere mögliche Lichtwellenlängen, die wir nicht

sehen können. Diese werden zusammen als das »elektromagnetische Spektrum« bezeichnet, siehe Anhang A.1.

5 Mithilfe der anderen beiden Instrumente wurde zum einen die Anisotropie im CMB entdeckt (DMR, das Differential Microwave Radiometer unter der Leitung von George Smoot), und zum anderen die definitive Messung der CMB-Temperatur durchgeführt (und zwar mit dem Far InfraRed Absolute Spectrophotometer, kurz FIRAS, unter der Leitung von John Mather). Das DIRBE-Experiment wurde von Mike Hauser geleitet. Es ist vor allem dafür bekannt, dass es die gesamte thermische Emission sämtlicher Galaxien im Universum gemessen hat.

6 Moderne LED-Lampen und Kompaktleuchtstofflampen (Energiesparlampen) produzieren einen höheren Anteil von sichtbarem Licht im Vergleich zu Wärme; darum sind sie als Leuchtmittel energieeffizienter.

7 Zwar wurde diese Galaxie nach Ferdinand Magellan benannt, weil er sie 1519 in seinem Reisebericht beschrieben hatte, doch von dem persischen Astronomen Abd al-Rahman al-Sufi wurde sie schon über 500 Jahre früher erwähnt.

8 Würde man viele Vollmonde im Kreis nebeneinander aufreihen, bräuchte man 720 Stück davon, um einen Kreis zu schließen, der sowohl durch den Nord- als auch den Südpol des Himmels geht (oder einen beliebigen anderen Großkreis), denn ein Vollkreis hat 360 Grad. Daher sagt man üblicherweise, dass der Mond einen Durchmesser oder eine Winkelgröße von 0,5 Grad hat, oder in unserem Beispiel 360 Grad/720.

9 Nämlich [10.000 Galaxien pro Hubble Ultra Deep Field] × [60 Deep Fields pro Vollmond] × [200.000 Vollmonde am gesamten Himmel] = 120.000.000.000 Galaxien, die wir auf 100 Milliarden abrunden. Würden wir Galaxien mit deutlich geringerer Masse betrachten, als sie mit dem Hubble-Instrument ohne Weiteres zu sehen sind, würden wir vielleicht auf eine Zahl kommen, die um einen Faktor 10 grö-

ßer ist, aber dann würden diese Galaxien deutlich weniger Sterne enthalten.

10 Hubbles ursprünglicher Wert, der auf seinen Beobachtungen der von dem US-amerikanischen Astronomen Vesto M. Slipher gemessenen Entfernungen und Geschwindigkeiten beruhte, war infolge einer fehlerhaften Entfernungsschätzfunktion (»distance estimator«) etwa siebenmal so hoch wie der heute allgemein akzeptierte Wert. Die Geschichte dieser Entdeckung ist, wie so viele andere auch, vielschichtig, und es waren viele weitere Personen daran beteiligt, darunter auch Hubbles Assistent Milton Humason. Der in der wissenschaftlichen Literatur verwendete Wert beträgt 70 Kilometer pro Sekunde pro Megaparsec (Mpc); dies entspricht 24 Kilometer pro Sekunde pro Million Lichtjahre Entfernung, mit einer Genauigkeit von etwas unter 15 Prozent.

11 In diesem Zusammenhang ist ein Vektor eine Geschwindigkeit mit einer dazugehörigen Richtung, dargestellt als Pfeil. Die Länge des Pfeils entspricht der Geschwindigkeit des betreffenden Vektors. Um Geschwindigkeiten zu subtrahieren, nehmen Sie die Vektoren in der mittleren Reihe, kehren ihre Richtung um und addieren sie der Länge nach zu den Pfeilen in der oberen Reihe.

12 Für Wissenschaftler bedeutet der Begriff »expandierender Raum«, dass sich in der Metrik der Maßstabsfaktor a(t) erhöht. Unter Wissenschaftlern wird lebhaft diskutiert, ob der »expandierende Raum« ein nützliches Konzept ist. In Anhang A.2 gehen wir auf einige der damit verbundenen Fallstricke näher ein.

13 Die Materiedichte ist die Masse pro Volumeneinheit. Mit der Energiedichte verhält es sich ganz ähnlich, sie ist nämlich einfach die Energie pro Volumeneinheit. Mithilfe von Einsteins berühmter Gleichung lässt sich die eine in die andere umrechnen: E = mc2, wobei E für die Energie, m für Masse und c für die Lichtgeschwindigkeit steht.

14 Eine Geschwindigkeit von 1200 Kilometern pro Sekunde entspricht einer Entfernung von 4 Millionen Lichtjahren in einer Zeitspanne von einer Milliarde Jahren. Das Alter des Universums beträgt demnach [50 Millionen Lichtjahre]/[4 Millionen Lichtjahre/1 Milliarde Jahre] = 12,5 Milliarden Jahre. Analog entspricht eine Geschwindigkeit von 2400 Kilometer pro Sekunde 8 Millionen Lichtjahre pro Milliarde Jahre. Das Alter des Universums ist also [100 Millionen Lichtjahre]/[8 Millionen Lichtjahre/1 Milliarde Jahre] = 12,5 Milliarden Jahre. Hier sind nur drei signifikante Stellen angegeben, damit Sie die Rechnung leichter nachvollziehen können; ein genauerer Wert der Hubble-Konstante würde 14 Milliarden Jahre ergeben.

15 Es ist schwierig, einen perfekten Spiegel herzustellen. Aluminium ist ein naheliegender Kandidat für das Ausgangsmaterial, aber es absorbiert ultraviolette Strahlung ziemlich gut und wird daher heiß, wenn es in der Sonne liegt. Wenn unsere Augen auch ultraviolette Strahlung sehen könnten – was sie nicht können –, würde ein Spiegel aus Aluminium dunkel aussehen.

16 Wenn der Wasserstoff im Wasser durch Deuterium ersetzt wird, erhält man »schweres Wasser«, das in manchen Kernkraftwerken eingesetzt wird.

17 Genauer gesagt zerfällt das Neutron in ein Proton, ein Elektron und ein Elektron-Antineutrino. Freie Protonen zerfallen dagegen nicht, jedenfalls nicht innerhalb der Grenzen der Messbarkeit.

18 Das folgt aus dem zweiten Newtonschen Gesetz.

19 In der allgemeinen Relativitätstheorie unterscheidet sich die mathematische Beschreibung des Raums um ein massives Objekt herum von der Beschreibung der Geometrie des Universums. Für Licht, das ein Objekt passiert, ist auch die Wirkung von Schwerkraft auf den Ablauf von Zeit ein signifikanter Effekt.

20 Ein beschleunigt expandierendes Universum bedeutet, dass der Hubble-Parameter sich einem konstanten Wert annähert. Das liegt

daran, dass der Hubble-Parameter die Expansionsrate geteilt durch den Skalenfaktor ist (wie in Anhang A.3 angegeben).

21 Die Sonne ist ungefähr 4,6 Milliarden Jahre alt und wird voraussichtlich noch etwa fünf Milliarden Jahre in ihrer jetzigen Form bleiben. Sie hat nicht genug Masse, um eine Supernova zu produzieren.

22 Die horizontalen roten Bänder in der Mitte der Bilder von Tafel 7 entsprechen der Linie, die in Tafel 2 als galaktische Ebene (»galactic plane«, kurz GP) beschriftet ist, sowie dem horizontalen roten Band in der Mitte von Tafel 3.

23 Berichte aus erster Hand über die Entdeckung und Interpretation der CMB, einschließlich der Beiträge von Penzias und Wilson, finden Sie in »Finding the Big Bang« von Peebles, Page und Partridge, Cambridge University Press (2009). Mit Beinahe-Fehlschlägen und falschen Ansätzen erzählt die Geschichte den allzu menschlichen Weg bis zur erwiesenen wissenschaftlichen Erkenntnis nach.

24 Sowjetische Physiker hatten schon 1983 ein CMB-Radiometer auf den Satelliten RELIKT-1 gebracht, der einer Entdeckung der CMB-Anisotropie nahekam.

25 Ein Möbiusband ist ein Beispiel für eine »flache« Geometrie, die nicht unendlich ist. Man sagt, es habe eine nicht-triviale Topologie. Die Topologie ist die Lehre von der Lage und Anordnung geometrischer Gebilde im Raum. So hat zum Beispiel ein Donut (Torus) eine andere Topologie als eine Kugel, weil man das eine nicht in das andere verformen kann. In diesem Buch gehen wir davon aus, dass das Universum durch seine Geometrie und nicht durch seine Topologie gekennzeichnet ist. Vorhersagen aufgrund von Kosmologien mit nicht-trivialen Topologien können anhand von CMB-Karten getestet werden. Bislang gibt es keinen stichhaltigen Beleg für eine nicht-triviale Topologie.

26 In einer flachen Geometrie ist das Verhältnis der Winkelgröße eines Objekts zu den 360 Grad eines Vollkreises das gleiche wie das Verhältnis der physischen Größe des Objekts, etwa in Lichtjahren,

zum Umfang des Kreises, ebenfalls in Lichtjahren. Für einen Hotspot bedeutet das, dass 1,2 Grad/360 Grad das Gleiche ist wie (Hotspot-Größe)/(2π Entfernung). Nachdem wir die Zahlen eingesetzt haben, ergibt sich eine Entfernung von 47,2 Milliarden Lichtjahren. Hätten wir etwas genauere Zahlen verwendet, wäre die Übereinstimmung mit 46 Milliarden Lichtjahren noch besser.

27 Manche Wissenschaftler plädieren dafür, dass die Temperatur der CMB von 2,725 Kelvin in die Liste der Parameter aufgenommen werden sollte, sodass es dann insgesamt sieben wären.

28 Obwohl sich der Anteil von Materie an der gesamten Dichte des Kosmos im Lauf der Zeit verändert, stand das Verhältnis von atomarer zu Dunkler Materie schon lange vor der Entkopplung fest.

29 Zwar ist unsere Analogie eine durchaus brauchbare Veranschaulichung, doch in der Realität gilt ns für das volle dreidimensionale primordiale Energiespektrum und nicht für dessen zweidimensionale Version, das die CMB-Anisotropie charakterisiert. Zudem gibt es eine subtile Konvention, die festlegt, wann die Lautheit einer bestimmten Tonhöhe definiert ist, die aber den Rahmen dieses Buches sprengt. Und schließlich, für die Experten: Diese Verwendung des Begriffs »weißes Rauschen« bezieht sich auf das CMB-Energiespektrum, wie es in Abbildung 3.3 dargestellt wurde, und nicht auf ein konstantes Cl.

30 Primordiale Gravitationswellen erzeugen gleichermaßen E-Modi und B-Modi, aber die E-Modi sind nicht so leicht vom Rest der CMB zu unterscheiden wie die B-Modi.

31 Alexander Friedmann hat die Gleichungen, welche die zeitliche Entwicklung des Universums beschreiben, aus der allgemeinen Relativitätstheorie abgeleitet, siehe Abschnitt 2.3. Die Zitate stammen aus Albert Einsteins Buch Relativity: The Special and the General Theory, Crown Publishers, 1961.

REGISTER